Taiwan Native Tea Trees *Camellia formosensis*

臺灣原生

Taiwan Native Tea Trees *Camellia formosensis*

山茶之美

鄭 子 豪 ⋯⋯⋯⋯⋯⋯⋯⋯ 著

華 品 文 創

茶道為軸，茶藝為用
品賞臺灣山茶之風味特性

前文化部長　洪孟啟

　　中國是最早發現茶、飲用茶的國家，相傳神農嘗百草，曾日遇七十二毒，幸得茶而能解毒。距今一千四百年前唐朝陸羽所著的《茶經》是全世界最早有系統研究茶學的專書，此書確立了茶在中國生活飲品中的地位，可視之為茶文化的濫觴。文化是一群人的生活模式經過長期積累醞釀所形成的，在華夏民族中，無論是市井小民日常的開門七件事「柴米油鹽醬醋茶」，或是文人雅士怡情養性不可或缺的「琴棋書畫詩酒茶」，茶，都在其中佔有一席之地，因此飲茶文化千百年來早已深入我們的生活，是中華文化不可分割的一部分，亦與儒、釋、道的哲學思維相互融合，影響深遠。茶，這片神奇的葉子，數千年來一直在我們的生活裡散發著醇郁的芬芳，是專屬於我們文化的飲品，我們應該珍惜這份寶藏，認識它、研究它、推廣它，讓它站上世界舞臺展現風華。

　　臺灣與中國間隔一衣帶水，無論物種或生活文化都有相關性，因地處海角一隅有海峽阻隔，故又具有能發展出獨特性的優秀條件。臺灣茶有源自大陸的品系，也有獨一無二的原生山茶品種，其豐富的資源和優良的歷史文化，是一座等待開發的寶山，

在探討臺灣山茶文化之時,既要了解其歷史源流,又須注重其本土特性並發展之。

臺灣原生山茶文化學會鄭理事長子豪先生,投入十數年心力,發掘、宣揚臺灣原生山茶之美,主導成立學會,親自探查臺灣山林,致力研究臺灣原生山茶,登高振臂呼籲保存這片屬於臺灣的獨特寶藏。經多年研究有成,將其心得整理出版《臺灣原生山茶之美》,本書是鄭理事長山茶系列專書的首冊,內容豐富,從茶樹的起源、臺灣山茶的歷史源流出發,以生物學的分類,證明臺灣原生山茶品種的獨立性,介紹臺灣特有的山茶品系;整理典籍史料,訪古論今,進一步提出對臺灣山茶未來發展的具體建議。書中以科學角度分析臺灣山茶的本質與生態環境,作者親臨探勘,足跡踏遍臺灣七大山茶區,一步一腳印地進行田野調查,訪問耆老、實地勘察、拍照錄影,整理各茶區現況並構思未來發展的可能性,圖文並茂,張張照片都彌足珍貴。

書中無私地分享自己多年來對山茶的研究,從學術、製作、品茗、文化四個面向介紹茶道,包含六大茶類製作,品茗時的「六備」,與文化結合的新「六藝」,分析臺灣山茶之風味特

性，適合採用何種方式製茶、宜製作成何種茶品，一一詳細的解析說明，具有知識性、科學性、實用性，能提供山茶產製業者及茶道愛好者參考。

　　除了知識性、技術層面的分享之外，本書令人矚目的還有更高層次的飲茶哲學觀，作者認為：各種產業如果沒有融入生活、形成觀念，再經長期累積成文化，都將只是曇花一現，必須在文化底蘊下代代傳承，方能行之久遠。因此精心獨創「茶學太極圖」，以茶科學、茶藝、茶道架構起茶學完整的體系，對此作者自述：「茶學之內義傳承以茶道為主軸，外意表飾則以茶藝為用，相應圓之而融合，輔以實證規範之茶科學證明而成」，欲以符應天地人合一的茶學精神，成就圓滿的茶學太極圖。仔細研讀，書中處處洋溢作者對茶學的熱愛，茶在作者心中已經不只是茶，既是哲學也是信仰。本書是了解臺灣山茶和品茗藝術的專著，除了可作為研究臺灣山茶的工具書外，亦體現了作者獻身茶文化的精神，值得愛茶人士一讀再讀。

　　作為系列套書的首冊，本書已令人驚豔，期待後續作品陸續問世。

以茶學提升到藝術哲學的境界

前臺灣國立工藝發展研究中心主任 許耿修

　　生活創造藝術，藝術美化生活，幸福有味的人生在於能將生活藝術化，食衣住行原是生活，眼耳鼻舌身意的品味和享受則是植根於生活，卻又能超脫出生活而成為藝術。如何將生活過得有滋有味，是吾人終生追求的目標，讀鄭子豪理事長的《臺灣原生山茶之美》，讓我體驗到從「飲水」昇華到「喫茶」的生活美境。

　　臺灣茶有豐富的資源和優良的歷史文化，這種源自生活的美學，既暖心又韻味無窮。忙裡偷閒，沏上一壺好茶，自斟自飲，多麼適性愜意；客來泡茶，是最常見的待客之道，「泉甘器潔天色好，坐中揀擇客亦佳」，主雅客來勤，同樣的，客人風雅，主人自然也殷勤，主客在茶盅琴韻詩文之間交心，一盞清茗酬知音，天下之樂，何甚於此？就連婚姻大事之中，也少不了茶，訂婚時新娘捧出甜茶敬客，新婚之日，長輩藉著「喫新娘茶」的習俗與新娘相識，並贈予見面禮，這是多麼有情有味的禮俗。想起民國四、五十年代，鄉間路邊常見一個大茶壺，上面用紅紙寫著「奉茶」兩字，在那個交通不便的時代，行人靠著雙腳跋涉，烈日當空口乾舌燥之際，道旁的這一壺茶簡直就是甘霖。奉茶者秉

持仁心，體察行人的需求提供茶水，飲茶者領受奉茶者的心意，由衷興起感謝之情，這是人與人之間何等美好的情意相連啊！茶，喝的不只是茶水，更是濃濃的生活情趣與人情義理。

　　茶早在古代就是生活必需品，長期延續下來已發展出專屬於茶的文化和美學，在文學作品中，不乏以茶作為傳達生活雅趣或哲學義理的象徵，是東方文化獨特的飲食美學之一。《臺灣原生山茶之美》一書，特別聚焦介紹臺灣特有的山茶，從歷史源流、山茶本質及生態環境、茶區現狀、適製性等知識性角度切入，更進一步品茗，分析香氣、以茶行八道巧喻人茶遇合、融入禪心為茶之五心、提點茶禮中靜態動態的布置儀節、結合其他藝術領域，推展茶道六藝，最後，以茶學太極圖圓滿融合之。章節安排正是由具體的生活實製逐步提升到藝術哲學的境界，切實體現生活藝術化的理念。

　　美是一種素養，是個人的選擇和追求，鄭理事長畢生鑽研茶學，特別鍾情於臺灣山茶，待人接物頗有古風，對發揚臺灣山茶有著雖千萬人吾往矣的豪情氣魄，今出版首部臺灣山茶專書，特為文誌賀。

臺灣原生山茶又見一章

行政院農業委員會前茶業改良場場長　陳國任

　　茶樹屬被子植物門，雙子葉植物綱、原始花被亞綱、山茶目、山茶科、山茶屬、茶種；在山茶科（Theaceae）、茶屬（Camellia）中，茶是最重要的經濟作物。茶樹（*Camellia sinensis (L.) kuntze*）係常綠木本多年生之異交作物，其生長發育、萌芽期及採摘期的控制，端視氣候環境及栽培管理而定，品種間表現不同的生長特性。

　　由於芽葉生長易受到氣溫、日照、水分及養分狀態等諸環境因子所影響，致使芽葉之外部形態及化學成分變異頗大，而影響產量及品質。臺灣氣候溫暖，適合茶樹生長，到處都有以茶知名的地方，由於原料和製法不同，茶的種類達數十種，其色、香、味之表現，是臺灣特色茶之精華所在；在製作過程中，那一曬一翻、一搖一抖、一炒一攤、一揉一揀，每一細膩的動作，都關係著茶香之幽雅飄逸及滋味之清醇甘潤。

　　臺灣茶樹栽培品種之分類依親緣、適製性、樹型及產期可分為大葉種及小葉種；而臺灣原生山茶（*Camellia formosensis*）這幾年來係大家很陌生的領域，若以縣市區分主要分佈於臺東縣延平鄉永康山、高雄市六龜區南鳳山、屏東縣山地門鄉德文山、

南投縣仁愛鄉眉原山、南投縣鹿谷鄉鳳凰山、南投縣魚池鄉德化社及嘉義縣阿里山等。茶樹係異交作物，因異花授粉致使株株變異而呈現遺傳質多型性；實生種有大葉種及小葉種綜合的各種特性，及製作上有很多不同的製法，如綠茶、白茶、青茶、紅茶、日曜茶（曬青製法）等茶類，且皆各有其香氣滋味;因此鄭子豪老師花費30年的歲月去探索原生山茶的神秘面紗，記載山茶種源、製法及香型特性有特殊的論述，分別介紹如下：

　　一、在臺灣茶葉的發展史中，歷經荷蘭和鄭成功據臺、清朝統治及日本殖民統治迄今，甚少對臺灣原生山茶研究及了解，一直是個陌生的領域；在種源的認知上，本書針對山茶作一科學性的原野調查及實驗性的認證，提供數據化證明。在既有資料的研究整理中，再進行臺灣原生山茶生長環境，種源認知與生態氣候作整體性調查。

　　二、因茶樹係異花授粉，茶葉變異十分廣泛，致使樹勢、芽色、萌芽期、葉形、萌芽期及適製性等等差異性很大，故在其茶葉的適製性上所考慮的因素也會相對增加。如何針對山茶特性來

製作，必須先認知到山茶種源特性、區域性的生態及採集時季節性的變化，而在發酵程度及烘焙程度上有所調整及改變，以俾提高製茶品質，明確表達原生山茶特性而求進步發展。

三、在茶學太極圖中，把茶道分為四項，其中品茗一項提到茶之六備：水質、器具、環境、人選，泡法及茶品；另外，基本上山茶品呈現之香氣有六需：木質香、蜜香、花果香、品種香、生態香及製作香，以六樣不同香氣品茗的歸項，清楚的把茶葉品茗分析，簡單整理成可以理解而不繁雜的香型。原生山茶是大家最迷惑的一塊，也是大家最想知道的一塊。

本書的出版，必可增進國人對山茶認知的水準。更樂見未來鄭子豪老師能再投入更多資源，結合科技、文化與傳統一起研究，讓民眾對生命的本質與延續有更深的認識，養生健康觀念融入每人的生活，進而追求生命節奏更快樂的一章。希望讀者在閱讀過程中，更能了解茶而延續臺灣茶所付的使命，在茶香邈邈的悠然神韻下，更加豐富了您彩色的人生。

尋找臺灣原生山茶

行政院農業委員會茶業改良場場長　蘇宗振

　　臺灣也有原生種茶樹（山茶）嗎？而這些原生種山茶到底分佈在哪裡？適合製作什麼茶類？如何品茗原生種茶樹製作茶類的特色？對臺灣茶文化有什麼影響？這些都可以在本書獲得不少寶貴資訊。

　　「茶」是全世界三大非酒精飲料之一，臺灣也有原生茶樹，其生長於原始山林中的原生山茶（Camellia formosensis），從臺灣府誌（編纂1685~1764年）及諸羅縣誌（1717年）記載略以，「可療暑疾」或「居民採其幼芽，簡單加工製造，而作自家飲用」等字樣，推測早期以最簡單方法乾燥後，採用煮或泡作為藥材或直接飲用。

　　臺灣原生山茶文化學會理事長鄭子豪先生，自西元2006年開始進入原生山茶領域，期間走訪全臺灣原生山茶分佈區域，探索原生山茶在人為未開發的原始林地生長情況，發現部分原生山茶已有人為栽培狀況，栽培模式又可分為野放型、自然農法型、慣

行、觀光型等；亦發現部分原生山茶已與傳統栽培種茶樹出現雜交型，其風味與適製性均發生變化，也提供茶農多樣化的製茶選擇；並依據不同類型茶葉的風味，提供消費者或茶藝文化推廣者如何品茗，以獲得最佳風味的感受與享受。感佩於子豪兄對原生山茶的情有獨鍾，為的是尋找一個從品種、製程到品茗真正屬於「臺灣茶」的堅持與用心，由「一葉興百業」到「一葉一菩提」逐夢踏實。

　　有關臺灣原生山茶在本書中有完整的架構呈現，且在臺灣原生山茶的學理、歷史面向與文化層面中，作者參考不少文獻，並提供創新想法，極具見地。茶學無涯，極力推薦不管是第一次想品嚐臺灣原生山茶的人士，或是以具有多年經驗的愛好者來說，本書將提供相當完整的資訊可供參考，值得一讀。

探索臺灣原生山茶的
習茶之路

臺灣原生山茶文化學會 理事長　鄭 子 豪

　　有人問我：為何要在臺灣原生山茶這條如此坎坷的路上，投入如此多的時間、精神、金錢而不放棄？我的理念為何？我告訴他們一個沉默的心願：臺灣應該要擁有一個屬於自己「茶」的本源與驕傲。當時我的心態是認真嚴肅而敬畏學習，但圍繞的能量卻是懷疑茫然，而這也是觸發我十幾年來對山茶不離不棄的動力。臺灣所有的茶種源皆是外來，在發掘了唯一可以代表臺灣茶的祖先時，我能不心動嗎？自西元2006年進入原生山茶的領域至今已十六個年頭，算算自小到今也四十幾個年頭在茶中學習，由無到有的習茶路程，由臺灣到大陸各地，體驗不同茶的深遠文化差異及不同品種製法的技巧，深深體會自己茶學的不足，且無立足之根本，而臺灣原生山茶正可彌補臺灣茶文化所曾失去的地平線。

　　又有人問我：臺灣原生山茶有何好？令我如此癡迷？我告訴他們：「水因善下終歸海，山不爭高自成峰」，好與不好自在心中，又何必心有所執。有情來下種，因地果還生，臺灣有此瑰寶

臺灣原生山茶之美

　而生，豈可棄之而不顧？「本立而道生」吾人應先立本方能有所
發展。

　　我們成立臺灣原生山茶文化學會之宗旨，期盼此一平臺，可
以讓願為山茶盡一份力量的人，有學習及教育訓練的地方，集眾
人之力，發揚山茶之願。在此並書「茶學太極圖」之思想中心共
同奮鬥。又知學術之根本必須先有完整的教材，故在茶區探索、
製作技巧、品茗能力上親力親為，盼能有所貢獻。原生山茶與大
葉種茶、小葉種茶並列臺灣茶三大體系，而原生山茶是茶屬之獨
立種喬木，在海島型氣候的臺灣，誕生了世界獨一無二的臺灣原
生種茶。撰寫此書，抒寫淺見，惟願為臺灣山茶之傳承發展略盡
綿薄之力。如有遺漏錯失之過，尚請前輩、同儕們給予指正，以
期有所學習改進，不失著作之初心。

　　此書之撰寫先以簡單之山茶概念初冊出版，因篇幅過大，先
出版首冊接受各位先進指正後，後續將再出版相關之研究論述，
以茲承續指教。

|目次|
CONTENTS

Taiwan Native Tea Trees Camellia formosensis

PART-1

臺灣
原生山茶
之起源

臺灣原生山茶之起源

混沌之初生命之始，天地萬物孕育而生，自億萬年前開始的自然演化，到誕生植物之茶屬的茶種，歲月悠悠，已數不清有多少進化交替與世代輪迴。而臺灣原生山茶的誕生，更是地表遺留植物中彌足珍貴的瑰寶。地球自地殼劇烈變動之冰河時期，雲貴高原形成而有了茶源生命，繁衍至最東部的臺灣島國，是為臺灣原生山茶之始，延續至今歷經數百萬年，真的太不容易了！在此，我們不只要了解山茶演化過程的生命史，更要對茶的起源至臺灣原生山茶的誕生，表達其無限的尊崇及敬意！

1-1　茶樹之起源

地球自數億年前，生命之始，萬物之初，混沌之世起，由誕生植物開始的中生代時期至今地球植物廣被。以植物分類學方法，我們追溯其最早本源之茶樹祖先得知：植物由中生代早期被子植物門進化到中期雙子葉植物綱，至後期山茶科，並於中堊紀地層發現的古木蘭化石之出土，再發展至新生代早期山茶屬出現。

茶樹乃是山茶屬最早原始的種，在3540萬年前於大陸雲南省思茅市景谷盆地發現之寬葉古木蘭化石，為目前發現茶樹在垂直性

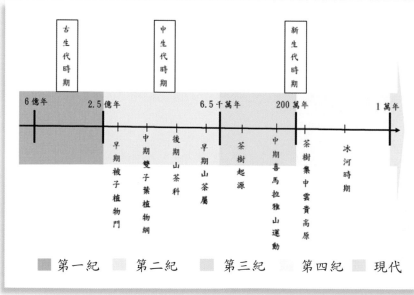

茶樹之起源圖表

演化中最早的祖先。故知植物分類階段之界、門、綱、目、科、屬、種七個層次的演化，植物學家推斷茶樹之起源應在距今6至7千萬年間之新生代後期之第三紀早期，直至第三紀中期喜馬拉雅山山脈及西南區域之斷層橫向山脈上升運動後，在雲貴高原集結了大量茶樹，後至200萬年前開始，因冰河時期地理上之氣候影響及地勢增高，氣候因冰川洪水劇烈變化，而有同源相離之現象，致使寒帶、溫帶、副熱帶、熱帶出現，氣候差異更明顯，茶樹也受此劇變影響，在遺傳基因上產生緩慢變化，極地區之茶樹因無法適應酷寒而大量死亡，只有熱帶、副熱帶及少數溫帶茶樹得以生存繁衍。

熱帶、副熱帶茶樹則偏向喜好高溫多雨，較濕熱有日照的氣候，由喜馬拉雅山往東之茶樹於溫帶地理上更適應寒冷、乾旱、陰溼的生長環境，歷經漫長歲月演化，形成了熱帶型氣候及副熱帶型氣候的大葉種茶樹，與溫帶型氣候的小葉種茶樹。換言之，即在自然演化下形成了二個方向：（一）性喜濕熱、高溫的大葉喬木型茶樹。（二）較抗寒旱陰溼的小葉灌木型茶樹。

茶樹因地區氣候不同，有了喬木型、小喬木型茶樹及灌木型茶樹；茶樹分成大葉及小葉，而其組織也有了不同的變化，外形上明顯有了形態上的區分。光是在雲南區域就有了大、小葉的茶樹及喬木型、小喬木型及灌木型的茶樹混變生長的生態融合。其分布在北緯25度線左右，沿著北回歸線向東西二側分散，向東延伸至四川、貴州大皆屬喬木型，再往東，如浙江、江西、廣東、福建等地之大陸型氣候，甚至遠達海洋型氣候的臺灣。在此，茶樹因自然進化遍及大陸型及海島型區域而有了山茶科植物及山茶屬的植物混合成長。

臺灣原生山茶，是全球茶樹起源進化史中獨一無二的臺灣原生種茶。（2021.12.14）

由上述資料顯示：在原生地之山茶科、屬的發源中心地是茶樹種進化的證據，即原生型茶樹愈多且集中，其為茶樹種之原產地的證據愈明確。臺灣是山茶屬分布最東緣地區，在冰河時期因海水下降，在上古大陸板塊之歐亞板塊及菲律賓海板塊擠壓下而產生。

臺灣也是中國長江流域以南之亞熱帶區域茶樹分布中，唯一的海島型氣候茶區，是小葉種層分布之邊緣地帶。最重要的是在此進化過程中，產生了唯一且無可取代的茶樹變種，即臺灣原生的茶種，臺灣茶最早的祖先由此誕生，代表了全然不同的茶葉體系，是一獨立的種，這是全球的茶樹起源進化史中獨一無二、不可取代的臺灣原生種茶，也是臺灣茶祖先在茶史上不可抹滅的一頁。

1-2 　臺灣原生山茶的過去

在茶文化發展的歷史洪流中，演化歷經世世代代、生生滅滅，不知淘汰了多少茶種。臺灣茶史自荷蘭人來臺至今已有300多年，由外地傳入的新品種也陸續在臺灣生根，並與原生山茶種交配繁衍至今，山茶屬之原生山茶種在這土地延續了無數後代，而這些最早茶樹與臺灣原住民也結下了不少生活文化之因緣。

在歲月消逝的過程中，有的被毀滅不存在了；有的只遺留一小區塊古茶樹。目前存活於原始森林之中的山茶，也岌岌可危有待復育，現在讓我們先來了解臺灣原生山茶的過去歷史發展吧！

臺灣原生茶種延續了無數後代，與臺灣原住民結下了不少生活文化之因緣。（2017.5.19）

1-2-1 臺灣原生山茶的歷史背景

時間	書名	作者	內容
1645年3月11日	巴達維亞城日記	不詳	茶樹在臺灣也有發現，似乎與土質有關。
1697年 清康熙36年	裨海紀遊附冊番境補遺	郁永河	水沙連山區有丈高野生茶，漢人利用焙茶，地點蕃地於埔水六社中之眉社，審鹿社。 但此篇記載，今已不復存，無可考證。
1717年 清康熙56年	諸羅縣志	陳夢林	水沙連內山茶甚夥，味別色綠如松蘿。山谷深峻，性嚴冷，能卻暑消脹。然路險，又畏生番，故漢人不敢入採，又不諳製茶之法。若挾能製武夷諸品者，購土番採而造之，當香味益上矣。
1722年 清康熙61年	臺海使槎錄·卷三赤崁筆談	黃叔璥（臺灣御史）	水沙連茶，在深山中。眾木蔽虧，霧露濛密，晨曦晚照，總不能及。色綠如松蘿，性極寒，療熱症最效。每年，通事於各番議明入山焙製。
1732年 清雍正10年	東征集	藍鼎元	依諸羅縣志及臺海使槎錄之描寫大致一同。
1765年 清乾隆30年	小琉球漫誌·卷六	朱仕玠	水沙連山在諸羅縣治內，有十番社。山南與玉山接，大不可極。內山產茶甚夥，色綠如松蘿。山谷溪峻，性嚴冷，能卻暑消瘴。然路險且畏生番，故漢人不敢入採。土人云：凡客福州會城者，會城人即討水沙連茶，以能療赤白痢如神也。惟性極寒，療熱症最效，能發痘。
1871年 清同治10年	淡水廳志	陳培桂	貓螺山產茶，性極寒，蕃不敢飲。 此野生茶可能就是原生山茶，於臺灣中南部山區有野生茶樹。
1892年 清光緒18年	臺陽見聞錄	唐贊袞	依諸羅縣志及臺海使槎錄之描述大致一同。

時間	內容
1925年 民國14年	央研究所平鎮茶業試驗支所在魚池鄉司馬鞍林內採野生茶種子於魚池蓮華池移植。
1937年 民國26年	魚池紅茶試驗支所自蓮華池移植野生茶樹於第二茶園2日人正宗嚴敬、鈴木崇良所編臺灣植物便覽把臺灣山茶定名「*The assamica affinis .sed foliis glabris*」這學名是臺灣山茶最早名稱也是臺灣山茶的基礎名稱。
1939年 民國28年	只左氏於眉原山採種及苗播種，戰後雲林公司持木茶場採野生種子及苗於魚池分場十八區茶園。
1970年代 民國50–60年	茶改場魚池分場，日人橋本氏往眉原山調查野生茶樹性狀況。
1980年代 民國61–70年	魚池分場調查魚池鄉、東光山、水社大山、鹿谷鳳凰山、六龜南鳳山、鳴海山野生茶樹。
1989–1990年 民國78–79年	由茶業改良場提計畫由魚池分場調查眉原山、阿里山、六龜南鳳山、鳴海山尋野生茶樹環境及特性。
1916年 民國5年	鳳山園藝試驗支所田代技師告知新竹州勤業科正忠氏，採高雄區野生茶樹製成紅茶，慶祝1919年臺灣總督府新建落成。
1946年 民國35年	魚池改良場採野茶種子於魚池茶業氏試驗分所種植5000採進行繁殖，是日後山茶品系資料庫的種源來源。
1946–1959年 民國35–48年	利用野生之茶樹與引入之茶種進行人工雜交，1961年後改良場先後採種、採摘野生茶樹，進行繁衍種植，做為野生茶樹之育種。
1986及1990年 民國75及79年	臺東茶業改良場於永康山第十四林班地蒐集野生茶樹種原保存於苗圃及生態茶區進行培育。
2000及2001年 民國89及90年	臺東茶業改良場自永康山茶區第十五林班地蒐集野生茶樹做為原種保存及經濟復育計畫。

1-2-2　臺灣原生山茶屬的分類

生物分類學依不同類群之間的親緣關係和進化關係,將生物分為七個層次,分別是界、門、綱、目、科、屬、種。而山茶屬(*genus Camellia*)的植物是在山茶科分類下一重要類群,在臺灣原生山茶屬的植物學名及俗名的稱呼上,我們依行政院農委會所屬之茶業改良場的分類報告,區分為12種,而臺灣山茶即其中一種,以下為其解說:

(一)臺灣山茶(*Camellia formosensis*)

分布於臺灣中央山脈中部以南及東部地區,可分為東部山茶群及西

(2021.12.22)

部山茶群。其葉形較為狹長,分布區域在南投縣有眉原山茶區、鳳凰山茶區及德化山茶區;嘉義縣有龍頭山茶區;臺東有永康山茶區;高雄有六龜山茶區、屏東有德文山茶區。既知發表的品種有以原生山茶為父系之人工雜交品種臺茶18號(紅玉)及單株選拔品種臺茶24號

(山蘊),其中臺茶18號有肉桂薄荷香,山蘊有菇菌香、咖啡味、杏仁香。分布北達眉原山,南至德文山,東有永康山,而在北部山區目前則尚未發現。

(二)日本山茶

(*Camellia Cjaponica*)

屬於觀賞用之山茶花,其花為紅色,是目前紅色系茶花中最大的,園藝觀

(2022.4.5)

賞價值最高。其他如鳳凰山茶亦是VU級（易危物種）稀有植物，原產華東地區，是中國十大名花之一。

（三）落瓣油茶（*Camellia kissi*）

在臺東的特定山區（知本）可尋獲，其分布範圍小，花朵小且易落，不具欣賞價值，但其種子含油脂，有豐富之滋養功效，在護膚上有健美成分，具抗氧化及抗發炎功效。

(2022.4.5)

（四）尾葉山茶
　　　（*Camellia caudata Wall*）

生長於臺灣較低海拔之東南部山區，葉形為長橢圓形或長披針形，葉子較大且花形亦大，開白色花，其小枝及葉芽會有黃褐色絨毛，花期早，約在1–2月，因花數多，稍具觀賞價值。

(2022.4.5)

（五）泛能高山茶
　　　（*Camellia transnokoensis Hayata*）

別名光葉茶梅，分布於臺灣中高海拔區域之山區。其小枝條較直立，茶芽苞密披有絨毛，葉表中脈有毛，開花直立屬白色花系，因葉質

(2022.4.5)

較薄，為長橢圓形或長橢圓狀披針形，其主要功能也是應用在園藝欣賞上，與阿里山山茶同屬短葉型山茶。

(2022.4.5)

（六）柳葉山茶
（*Camellia salicifolia*）

分布於臺灣中南部山區，以中部山區最為常見。因其葉為披針形或橢圓狀披針形，且下表多褐色長毛，又名毛葉山茶、柳葉連蕊茶，屬白色花系。主要用途也是在於園藝觀賞。

(2022.4.5)

（七）恆春山茶
（*Camellia hengchunesis*）

顧名思義，此為臺灣之特有種，僅在臺灣屏東縣恆春半島之山茶山區才有所發現，如南仁山，鹿寮溪及欖仁溪區域。其葉為倒卵形皮革質小葉無毛，果實為長橢圓型之朔果，因木質細緻且密而硬，可用於製作小型用具，種子亦可榨油供食用或作為機具潤滑油。其葉片及花朵皆有觀賞價值。但因其族群較小，分佈範圍較狹隘，無生產量，在臺灣植物紅皮書列為VU（易危物種）之保護級，是八種特有種之一。

（八）阿里山山茶
（*Camellia transarisanensis*）

此亦為臺灣之特有種山茶，因其葉小，有小葉山茶、小葉梅茶、阿里山連蕊茶之稱。是灌木植物，其葉為單葉互生，叢狀長橢圓

臺灣原生山茶之美

形或菱狀披針形，枝條細長有絨毛，屬白色花系，花期在1–4月，產於臺灣阿里山巒大山區，海拔700公尺以上至2500公尺山區。棲息地在霧林帶之針葉闊葉混生林內，是臺灣固有植物，其量稀少，因花量大，葉型小，在園藝觀賞上有其價值。

(2022.4.5)

（九）能高山茶
(Camellia nokoensis)

亦是臺灣特有種，亦名柃木葉山茶。分佈於臺灣低海拔之臺中、南投山區，如南投縣之能高山。屬短葉型山茶科，是灌木或小喬木，木枝有灰褐色毛，葉芽亦有毫毛，葉形披針屬白花系，其單株開花量大，在園藝上亦有應用，可供為臺灣中高海拔觀賞樹木。

(2022.4.5)

（十）短柱山茶
(Camellia brevistyla)

生長在臺灣中高海拔500–1000公尺山地，亦名小果油茶。為灌木或小喬木，枝條細長，初有毛後則光滑，葉芽亦有毛，葉形為橢圓形或卵狀橢圓形，屬白花色系，其種子含油脂高可以榨油，民間俗稱苦茶油，即茶籽油，有部分之經濟價值。

(2022.4.5)

臺灣原生山茶之起源

(2022.4.5)

（十一）垢果山茶

（*Camellia furfuracea*）：

分佈於南投、嘉義縣較低中海拔山區，又名糙果茶，屬小喬木，葉面無毛，葉為橢圓形或長橢圓形。果實球型但表面為粒垢型與其他山茶屬不同，屬白色花系，子枝光滑無毛，橫剖面較圓，茶芽紫紅色，帶梅子果香味。因種子含油率低，花少無經濟價值，但因有香氣滋味亦有少數人栽種，如：南投縣魚池鄉亦有人大量種植作為飲用之茶品。

（十二）毛枝連蕊茶

（*Camellia tricholada*）：

分佈在臺灣南部低海拔浸水營山區。本為大陸特有種，亦是臺灣原生山茶屬中葉片最小者，葉片前為鈍形，葉基為圓至銳形，嫩枝披有長粗毛，皮革質細小橢圓形，葉柄有粗毛為灌木，在臺灣數量稀少，在醫療上可作為清熱解毒消腫之用。

圖片提供·莊溪（2012.2.13）

圖片提供·陳榮章（2015.3）

1-2-3　原住民之山茶文化調查

臺灣原生山茶的歷史因緣與原住民文化是絕對脫不了關係的,但在原住民文化中,先民只是把山茶當作生活中最簡單的飲品,尚無品質管理的概念,並未鑽研製作技術,當然更無所謂的學術基礎。

南投縣仁愛鄉眉原山茶區域之原住民大皆為泰雅族之亞族賽德克人族群 (Se-edeq),其中眉原部落屬泰雅族,自荷蘭人據臺即有所記載,是眉嘎臘紋面番居住的區域。歷鄭成功屯兵(西元1662年)、中日甲午戰爭(西元1895年)各部落出草抵禦,至1924年日據時期實施理番至今,聚集現今之芭拉坡 (cy langan)。第一條探訪路線是經由國姓鄉再轉眉原橋進入部落後,再入眉原山茶區,是最初上山的規劃路線,上山時間長約二天。第二條路線也是先經過國姓鄉再進入清流部落,此區原住民屬賽德克族 (Se-edeq),此路經由清流橋入部落後可直達山茶區,一天即可達原始林山茶區。目前雖少有原住民摘採製做山茶來飲喝,但據原住民耆老所述,過去曾取山茶葉曬乾或晾乾置於竹筒煮沸後再行飲用,是消暑解渴的飲料。但因苦澀度較高少有人種植,又因經濟開發而砍伐過度,平地之低海拔區原生山茶樹已消失殆盡,只在1200公尺海拔以上區域方漸能尋其蹤跡,至1500公尺左右之原始林始見大片山茶林區,但原生山茶因櫟屬 (*Quercus*)、殼斗科 (*Fagaceae*) 植物成長生態影響,以致樹身高大而難採,其茶樹應可列為種源資料庫研究考證之用。

再往較低海拔的鳳凰山茶區,地處南投縣鹿谷鄉,此地無原住民

居住，可能是漢人移居於此而進行開墾種植，至百年前方有茶園開墾。在針對尚存之古茶樹進行田野調查時發現，其山茶樹直徑經量測約有四十公分粗，可知其樹齡應達數百年之久，據此判斷鳳凰山區之山茶樹，在鹿谷茶區開墾前，早已存在良久。至於是否與臺大實驗林區之百年阿薩姆老茶樹群落同為早年先民所種植的茶樹，或有其他來源則尚待證明，但無論如何應皆是：先有臺灣原生種山茶，而後有大陸移植之小葉種（西元1935年，《茶葉全書》），再有印度移植之阿薩姆種（約西元1920年）。滄海桑田，在現今原生山茶落寞而大葉種茶與小葉種茶廣植的經濟發展型態下，應更加重視原生山茶在鹿谷鳳凰山茶區的歷史足跡及其發展。

往更低海拔的南投縣魚池鄉之德化山茶，就有更多的歷史典故。水沙連山茶自清朝開始就有許多的記載，如：《諸羅縣志》、《臺海使槎路錄》、《東征集》、《淡水廳志》等，日據時代的茶相關單位，與民國後茶業改良場的諸多文獻，也都有野生山茶的記載。德化社之原住民大皆以邵族為主，也是日月潭伊達邵的舊稱。此處設有茶業改良場魚池分場，而其所種植之茶葉品系則以大葉種茶為主，因此茶葉製作商品上也以紅茶為主要生產商品。早年飲茶只作為治療熱症，祛暑消脹之用，在製作茶技巧上並無茶葉完整製作過程，亦無經濟發展的商業規模，直至日據、民國後，才漸漸投入製作技術的研究，而有今日的成果，故就歷史源流而言，在製茶技術上與原住民並無太大關聯。

南投縣信義鄉及水里鄉之地利、民和村附近林地則屬於布農族（Bunun）卡社群（Takibakha）部落（原名塔瑪魯灣）。在濁水溪畔，雖曾發現少數原生山茶，但數量不多，推測也是早期開發

臺灣原生山茶之美

時，過度砍伐後所遺，縱有一些人工移植茶樹，卻因不曾管理而大量滅亡。調查中並未發現古茶樹，所殘餘少數茶樹大多是近年人工交配之大葉種、小葉種，並無老山茶樹之實質證明。以上三區山茶群落的調查，完整架構出南投縣原生山茶在早期原住民、漢人生活中出現的歷史痕跡。簡單說，原生山茶早已應用在先民生活上，當時是以藥用及生活飲品的型態為主，而非作為較高經濟商品利用。

另一區域是嘉義縣的龍頭山茶區，是往阿里山路線中的一塊原始山茶區，屬於番路鄉公田村之隙頂社區龍頭村，是目前極少數保留有原生古茶樹的小群落。居住在當地的原住民以鄒族為主，普遍栽植咖啡、小葉種茶及花圃園、菜園等經濟作物。在鄒族耆老口中得知：樂野村已因開發過度，早無古茶樹之發現，只在一些新開發茶區偶爾發現一、二株尚存的山茶樹，至於在原始林中是否尚有茶樹，據當地原住民陳述，並未發現有山茶樹跡象。雖以前族人曾製作一些山茶來品飲，因不知製作工法的屬性，而苦澀度高不受歡迎，早已經捨棄山茶葉的耕作採收，故今日要再行復育的困難度也相對提高。鄒族茶文化的資料隨著時間流轉，似乎已難以追溯，這些珍貴的歷史痕跡就這樣湮沒在時間的流裡，令人扼腕。如何運用僅存的古茶樹區資源結合原住民文化，並融入新茶文化，應是當地政府在推動山茶復育計劃的首要任務。

往南部之臺灣原生山茶生長地以六龜區山茶為重心，其覆蓋範圍甚廣，由高雄甲仙、那瑪夏、寶山、桃源、藤枝、茂林到屏東德文等地皆是。當地原住民以布農族居多，故其所遺留的茶文化歷史也較多。在日據時代所傳述的「龜神茶」，即是取當地四、五月採摘之極品山茶進奉日本天皇飲用，因數量極少益顯珍貴。早

南臺灣原生山茶生長地以六龜區山茶為重心，其覆蓋範圍甚廣，（2017.5.19）

期當地原住民則是把茶葉當作中暑、腸胃不適及夏日消熱解暑的
良方，當時應不知此為「茶」。然布農族耆老口耳相傳烹煮原生
山茶之「三石灶法」，至今仍流傳後代。所謂「三石灶」是傳統
家庭以三顆高平石頭立起來架設爐灶，這是布農族傳統烹煮的器
具與工法。當時原住民有時把茶葉在日光下微曬，上鍋烘炒出香
氣後，置於沸水沖泡飲用，抑或把茶葉置於竹筒中烘燒，再加水
滾沸飲用等等不同製茶、飲茶方式，在在證明傳統原住民茶文化
的特殊性傳承。

直到民國時期，大陸安溪鐵觀音製法傳入後，興起新製茶葉工藝
的革命性創新，如包種茶（青茶）製法。此時茶業已稍具經濟效

益，很多原住民茶農以栽種山茶樹，取其茶菁運至製茶廠販售，僅留少量自己飲用，山茶漸成布農族人生活經濟的部分來源。但因製茶技術不成熟且推廣不彰，外界茶業人士較不了解原生山茶的市場，因此需求有限。近年來在政府、民間團體的行銷推廣下，已把臺灣原生山茶與原住民茶文化更進一步推向市場，強調無毒山茶的健康養生概念，又因臺灣本土茶文化意識抬頭，優質原生山茶獨特的口感、氣味及多樣化的茶類製品，漸漸受到大眾肯定。加上林下經濟政策的推動，六龜區原生山茶與原住民山茶文化融合，成為臺灣原生山茶的先驅，擁有強大的影響力。

臺東縣延平鄉永康部落的永康山茶，也因山蘊（臺茶24號）的推出而全臺聞名。永康山茶是臺灣原生山茶的變種，茶區部落居民大多數人屬於布農族，分布於臺東鹿野縱谷旁，是居住在臺灣位置最東的原住民，也是原生山茶分布最東邊緣。

山蘊的出世，使原生山茶的地位更受到矚目，這是原生山茶向前邁進的一大步。據當地原住民口傳：永康山茶和六龜山茶的茶文化一樣，當時的茶也僅是作為藥用和日常飲品，近數十年也因開墾砍伐而幾乎消失，在探訪中只存一小區山茶樹能提供參考。由以上的資料簡單了解到：原住民茶文化雖然和原生山茶息息相關，但並沒有受到保護及傳承，加上政府在這一方面欠缺保育措施和積極推廣的態度，使得臺灣原生山茶這一塊瑰寶，幾將不復延續。如何把原住民文化在山茶復育保護概念下與國家林下經濟（在樹林下種山茶樹）政策結合，使臺灣茶業跨向國際化發揚臺灣原生山茶，是吾人責無旁貸的歷史任務。

Taiwan Native Tea Trees Camellia formosensis

PART-2

臺灣原生山茶的歷史沿革及規劃

臺灣原生山茶的
歷史沿革及規劃

人類有歷史記載以來，皆有其可參考的證
據或傳說證明其來源，而對臺灣原生山茶
的訊息資料由可知之文獻所得了解並不
多。由荷蘭時期至民國時期可追溯之文獻
考究來看，臺灣原生山茶一直不曾進入經
濟文化的主流，殊為可惜。在此對於整體
臺灣原生山茶的發展、規劃提出一些改進
意見及實施要點以為參考，作為臺灣原生
山茶在未來於經濟、文化、教育上推動之
理想目標！

Taiwan Native Tea Trees Camellia formosensis

2-1　臺灣茶種的來源

　臺灣原生山茶茶種的來源、歷史可謂多采多姿,自冰河時期至今,有太多有待考據及證明的演化過程。綜合在地質上的探討、氣候的變遷、史料證明、化石驗證及現代科學PCR、DNA定序的取證,種種的研究結果,客觀的把臺灣原生茶種的來源歷史大概分為五個時期:

一、原生茶時期
即最早的臺灣原生茶種祖先,未經外來種交配而繁殖,保持異花授粉的原生茶基本特性,是狹義型的臺灣原生種山茶,正式名稱是臺灣山茶(*Camellia formosensis*),為山茶科(*Theaceae*)山茶屬(*Camellia*)之常綠小喬木。在品種上,臺灣原生種山茶的永康變種—臺茶24號山蘊,就是冰河時期孑遺物種。在田野調查中,發現臺灣原始林古茶樹區所保留的古山茶樹群,樹身高大,直徑可達1呎至數呎,顯見年代久遠,由此可證明目前臺灣的原生山茶樹是其遺傳之後代,也是原生山茶最早祖先存在的證明。

二、荷治時期
三百多年前,荷蘭人寫下的巴達維亞(今之印尼雅加達)日記

臺灣原生山茶之美

最早的臺灣原生茶種祖先，未經外來種交配繁殖，保持異花授粉的原生茶基本特性，是狹義型的臺灣原生種山茶。 (2019.4.15)

(Dagh-Register GehOuden int CaSteCt Batavia) ，記載了荷蘭人所屬的東印度公司統治臺灣三十八年間，有關臺灣管理、情勢、航運貿易等活動。1645年3月11日的日記，出現了最早有關臺灣野生茶的記錄。其中一段寫著：「茶樹在臺灣也曾發現，但似乎與土質有關，其不論是野生茶樹或是栽培種茶樹，依據考究可能是本土之山茶，本是原住民之飲用，而非經濟型量產。亦可能是大陸先民橫跨黑水溝自大陸帶來的茶樹種在臺灣所栽培的茶，此尚未獲得證實，但或許能在老茶樹林中稍尋其端倪。」荷人在南投水沙連的經營約1650年左右才開始，故此與水沙連野生茶應無關聯。

以科學化育種方式，選擇優良的茶種進行親本雜交，提高種源的品質，再繁衍種植產生
新茶苗，經過淘汰選拔，最後產生品質較佳的品種。 (2019.4.15)

三、大陸移民時期

此一時期大約開始於二百多年前，在歷史記載陸續有文件提及，
如：1697年之《裨海紀遊》附冊《蕃境遺補》、1717年之《諸羅
縣志》、722年之《赤崁筆談》、1871年之《淡水廳志》等皆有
所記載。此時之茶園已有茶樹栽培與茶葉製作，其所採摘之茶樹
應與野生茶樹不同，在製作技術上，也因大陸福建茶師來臺而有
所提昇，茶樹生態經過在大自然環境中廣泛交配繁殖後，亦有所
改變，此時期應是雜交型山茶最早的起源。

四、日治時期

民國五年鳳山熱帶園藝支所田代技師已知高雄山區有野生茶樹，調查、採摘製成紅茶。民國14年中央研究所平鎮茶葉試驗支所及民國26年魚池紅茶試驗支所，對臺灣各地之野生茶進行調查，取樣並栽培移植於茶園，是山茶調查及資料建立最早的單位，奠定日後山茶資料庫的種源。其廣義型原生山茶之交配也在此一時期有了更進一步的變化及研究。大葉種、小葉種及蒔茶、原生山茶之交互繁殖，改變了原生態原生山茶的獨立性風味層次，原生型及過渡型山茶的差異性也從此混合相交，使種源庫的整合分析更形複雜，難度更高。

五、民國後茶樹育種時期

經過漫長的歲月，臺灣茶種由原生茶時期至民國以後的幾十年中，以印度大葉種Jaipuri、Kyang、Manipuri，泰國大葉種Shan、緬甸大葉種Burma和小葉種青心大冇、大葉烏龍、紅心大冇、黃柑、硬枝紅心、白毛猴、金萱、祁門（Kimen）、翠玉等為父本或母本交配，培育出臺茶1號至臺茶23號及25號各種新的雜交品系。而臺茶24號山蘊則是唯一的臺灣原生山茶變種，由永康山茶單株選拔而出。這種種不同的品系中的大葉種與小葉種之互交或單株選拔，有的變成經濟價值高的品種，但也有成為被淘汰的品種，此時期以科學化育種方式，選擇優良的茶種進行親本雜交，提高種源的品質，再繁衍種植產生新茶苗，經過淘汰選拔，最後產生品質較佳的品種。

從1981年臺茶之父吳振鐸博士開始以臺茶編號命名至今，所選出的眾多名種為新品種選育植下深厚基礎，其功不可沒。其中最有名的臺茶18號紅玉，即是原生種山茶與緬甸大葉種交配之最成功範例。

2-2　臺灣原生山茶推廣栽種規劃

臺灣茶業文化之推廣在民國後一直著重於大葉種及小葉種茶的範圍，近年來因本土茶文化意識提昇及整體茶經濟體系的推廣，臺灣原生山茶漸被注重，而與大葉種茶、小葉種茶並列臺灣茶業三大體系。惜臺灣原生山茶在訊息、資料、研究開發上尚十分缺乏，為促進整體推廣，使植栽規劃有所成效，須致力於以下四點：（一）山茶原始生長環境之分布探知。（二）全省系山茶植栽之推廣。（三）對山茶水土保持之認知。（四）茶苗復育工作之落實。針對以上四個方向訂定有可行性、階段性的計劃，進而執行下一階段之教育訓練及山茶商品經濟化、山茶觀光產業化、國際化推廣等工作，使之更有實質的底蘊及願景，以下提出五項重點並逐一說明：

一、山茶原始生長環境之分布
二、全省性山茶植栽之推廣
三、山茶水土保持的重要性
四、茶苗復育工作的落實
五、山茶經濟環境考量評估

2-2-1　山茶原始生長環境之分布

據調查，臺灣的山地、丘陵約佔整體面積約70%，植物之分布由高山到平地廣泛生長且種類眾多。山茶最早生長於天然林（Ancient woodland）區中之原始森林（Primary forest）及次生林（Secondary forest）。在地理上，山茶生長的範圍包括：中央山脈中部以南及玉山山脈以南，由中部南投的眉原山、德化社、鳳凰山三區向南至延伸至嘉義之龍頭、樂野二區，向東則有永康山區，再向南即是高雄六龜區的南鳳山、鳴海山、五公山，及屏東霧臺鄉的德文山區。其生長區地質以頁岩居多，分佈於中央山脈所屬山區似乎最多；礫石、砂岩土質次之，只有少部分生長在黃土沙地。本人無數次探訪中南部山區，從未發現整片紅土沙地之山區。範圍最大的六龜山茶則是以整片頁岩的山林土質為主，雜有一些少數顯露的珊瑚石。不同的地質種植出的山茶在整個製作過程中會呈現不同的茶香、岩味或其他香氣。

野生山茶樹群分布是有固定的群落性，如屏東太武山區附近原始林發現的野生山茶群落，嘉義曾文水庫大埔鄉附近亦有少數野生茶樹，甲仙區獻肚山也有大片野生山茶的發現，此生長環境以次生林發現較多。在這幾十年中的原野調查資料證明：臺灣中南部山茶分布區塊集中性較高，每一地區獨特的生態環境使得茶葉的品種性、生態性各自表現不同的風味。比如以荖濃溪為分界，東邊屬中央山脈山區，如茂林區，土質以頁岩為主；西邊則是玉山山脈的十八羅漢山，以礫石層為多，二區所採摘之茶葉品質就截然不同，岩味或礫感的茶韻各有其表，或許在實驗室下就能分析其不一樣的土質成分及不同茶葉元素之含量多寡。一條分隔中央山脈與玉山山脈的荖濃溪，二邊茶的滋味、底韻就有截然不同的

臺灣原生山茶之美

陳述，一樣茶卻有兩樣情，這證明同樣是山茶，但在不同生態環境之下生長，便會孕育出不同滋味、香氣的原生山茶。

山茶性好溫暖濕熱，喜陰濕怕凍寒及乾旱，適合滲透性好之酸性土質，而地處溫帶型氣候區的臺灣正具有最適合此一生長習性的地理環境。其分布範圍由北緯23°11'N至22°95'N，東經120°04'E至121°08'E，位於北回歸線50公里範圍內，及北緯23°N東經100°E的最佳茶葉生長帶。野生山

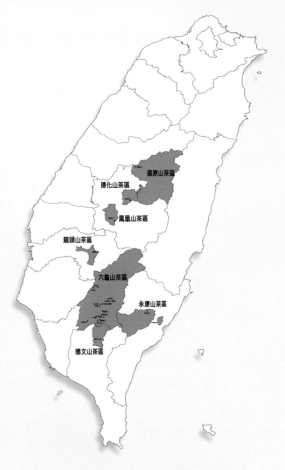

臺灣原生山茶七大茶區位置圖

茶在臺灣中部以南發現最多也最集中，在中部以北之區域則不見野生茶樹之相關資料或文獻報導。最近有不少復育的樹苗北移，以人工栽培方式全面性推廣之，起點由宜蘭經臺北、新竹、苗栗、南投、臺中、嘉義、臺南、南達高雄、屏東，皆已有廣泛山茶的植被，其栽種面積也日漸增加至數十甲。今後隨著適合山茶生長環境區域之開發與宣傳，必當能於全省各地普遍種植，使原生山茶的栽種面積更廣闊，推廣更順利。

2-2-2　全省性山茶植栽之推廣

「跟著山茶遊臺灣」是一句目標、願景，也是推廣原生山茶工作最實際的執行任務。目前山茶生長區域主要分布在臺灣中南部山區，少部分東部山區亦有發現，中部以北山區則鮮為人知，且尚無老山茶樹之種植紀錄報告，所以如何在全省推廣山茶之種植，有其正當性及迫切性。

可惜現今整體的規劃卻極其薄弱，完全沒有厚實的基礎，及具有未來性的政策。農委會曾在民國108年6月提出了林下經濟，即在樹林下種植經濟作物的政策，由立法院經濟委員會邀請農委會陳吉仲主委在立法院報告後通過提案，於民國110年6月進一步開放臺灣山茶之種植，並在顧及保安林功能下，同意保安林私有地主

自然農法型茶園。(2005.8.9)

及國有林地承租人也適用林下經濟經營，這是推動臺灣原生山茶植栽的歷史性時刻，由此茶業改良場及林業試驗所開始積極培育原生茶苗，希望以後能有更進一步的推廣。

民間方面，原住民早已有培育種苗的工作經驗，但只限於自己的栽種範圍，並未推廣擴大栽種面積；而民間學會如臺灣原生山茶文化學會也正極力推廣茶農種植原生山茶，北由宜蘭、臺北、桃園，到中部的苗栗、南投，南至嘉義、高雄、屏東等各縣市，對原生山茶種植茶苗進行有性繁殖的復育工作。因山茶的植栽需要長期的培育，故在整體的推動上，有很多工作必須進行，例如：（一）擴增種源的栽培數量。（二）建議選擇適合山茶生長的環境。（三）精進山茶種植的技術。（四）加強注重水土保持意識。（五）設計培養人才的教育訓練計畫。（六）民間山茶知識的推廣教育。（七）政府單位對民間單位之輔導與輔助計畫。（八）尋求企業輔助及對「碳權」的重視與了解。以上雖只是幾項簡單建議，但卻可以把整體臺灣原生山茶的推廣任務提升到一定水準以上。

依據目前民間繁殖山茶所採取的不同種植方法，有（一）從茶樹根系所生之芽來採茶苗。（二）種子實生之有性繁殖茶苗。（三）以扦插法無性繁殖之茶苗。（四）接枝繁生之茶苗。（五）嫁接繁殖方式，即在茶樹上接種固定之山茶，此方法較不普遍，但可補足扦插的缺失，是較為繁複且有異變性的繁殖方式，僅有少數茶農中採取此種栽培方式。目前推廣的育種方式則以種子實生苗最為普通，也是目前在各方面評估後，一般認為較適合山茶苗之取源方式。而扦插繁殖則較適於單株育種之繁殖復育；從根系取茶苗須於適當之老茶樹根系挖取，故其數量相當

少；而接枝方式所取種苗，量雖少但可取得較大型茶苗，縮短生長時間及保留茶種之遺傳性。

至於茶樹管理方面最常見的方式有：

一、裁枝：

即平裁式的修剪，省時省工省錢，又可使葉芽整齊長出，是快速茶園管理的方法，但對山茶本性而言，因山茶是喬木本質，是有性繁殖，此法忽略了山茶具有主根特性的因素，只考慮在管理上的方便及經濟性，卻忽略了茶樹根系可能因此而受損，而影響茶葉品質。但如果是對於無性繁殖扦插的種植方式，其全面性的經濟考量就見仁見智，畢竟考慮的是品質與數量的平衡點。

二、疏枝：

即是把脆弱樹枝、枯枝、傷枝剪除，並在高度上予以適當之修剪。臺灣茶園大部分是無性繁殖的經濟管理方式，在定植修剪上至幼木團修剪到成木團之修剪會以灌木習性處理，而忽略了山茶樹是喬木的本質，除了經濟利益的考量外，在茶質及水土保持上亦應列入考慮，故於淺剪枝到中剪枝、深剪枝的修剪，要有另一種方式的思考，依不同茶農的管理需求，作適當調整原無可厚非，但如把以木成林的原生環境，為了方便管理變成了矮化茶樹的平頭式茶園生態，就推廣山茶的初心與未來，其做法就更需謹慎小心了。

三、壓枝：

即是把高長枝下拉擴大茶樹生長面積，受壓之莖面因壓力而在向陽面再長出枝芽，這對成木之茶樹可增加茶芽數量，除了修剪蕪枝外，不須砍除較粗大莖幹，增加茶量而不傷茶樹，但茶園的面

積就必須更擴大，在茶質上，根系吸收之養分更多，茶質也更佳。在原始茶林中，茶樹枝被折半斷而未全斷時所長出之芽葉，可常見此生長狀況。

臺灣的茶農對於茶樹管理守則上雖各有所執，一般認為：茶樹可在冬至前後休眠進行養分的儲藏，但對喬木之山茶的樹性必須做更進一步的瞭解，以找出對山茶生長的最佳方式才是首要之道。

在山茶植栽推廣及復育工作初步作業上，首先必須製定出最佳山茶種植方式繁殖的工作手冊，便於茶農更深入了解種植方法，加上輔導人員之教育訓練，建立良好基礎，其推行方得以延續。相信在更多人力投入下，會有更多政策性的確定與執行，而對未來如何經營原生山茶的方向方能有更清楚的目標及願景。

野放型茶園 (2005.8.9)

2-2-3　山茶水土保持的重要性

臺灣地處海島型氣候的溫帶區，且受地理環境影響，其山區及丘陵地佔了全面積土地約70%，而臺灣茶園又多植栽於丘陵山坡地及臺地，故對水土保持的認知，與山茶本質的適當性必須有一更完整的認知了解。

臺灣茶區最早集中於北部區域，因多次經濟興衰及市場需求變異，在五十年代沒落後漸漸往中部、南部或東部開發，開發的過程中難免顧此失彼，欠缺全面性的調查分析，造成對茶性本質無

一般人對於文化的生態、氣候欠缺宏觀整體性認知，因而容易產生茶園只會破壞水土保持的錯誤概念。圖為自然農法型茶園 (2017.5.6)

臺灣原生山茶之美

法深入了解。對自古在地茶文化的認知與生態、氣候的整體性調查，沒有宏觀整合，因而產生茶園只會破壞水土保持的錯誤概念。要解決這個問題，除了考量前人生活經濟性及文化延伸思考外，在水土保持工作上，國家必須制定一個完整的茶產業水土保持計畫。

我們知道臺灣茶種的來源主要是大陸，其影響如：（一）大部分茶樹皆是淺根的灌木，故無法深根保護土質及保留水分。（二）因應經濟上的需求及統一性而種植無性繁殖的茶種，其主根性薄弱。（三）因農藥肥料的過度使用而造成土質酸化，破壞土質。（四）為開發茶區而大量砍伐樹林，破壞了山林水土保持的結構。（五）沒有一套推廣山茶認知的輔導復育計畫，甚至大量砍伐山茶。

雖然近年來在認知上有了一些進步，民國110年又通過了林下經濟政策，輔導茶農在樹林下種山茶，在林務局、林試所等單位的努力下逐漸有所作為。至於如何增進對山茶和栽培型灌木的認知，於經濟、文化、教育等的協調，而把二者的本質性、互融性、共同性、差異性，整理成較為宏觀的長遠性規劃，則需要投入更多努力，方能行之長久！

其比較性整理如下表：
水土保持計劃是國家土地的根本大計，除了鞏固土地不流失，保護土壤耕作層不被侵蝕，河流渠道及水庫不淤塞，儲存水量及調

茶種特性	臺灣原生山茶	經濟型茶種
茶種屬性	喬木本質,分原生種山茶及雜交型山茶二種,樹群較少。	小葉種之灌木及大葉種之喬木居多,以無性繁殖樹群為主。
生長環境	以野生及野放林地為主,經濟型農法亦佔一部分,以山地為多。	以慣性農法之山坡地、臺地及山地為主。
根系環境	根系深且廣,對水土保持及吸收養分有絕對性正向作用。	根系淺,對水土保持及土壤保水力差。
植栽現況	目前以六龜區最多,其他如南投、嘉義、臺東等,但無大面積植栽。	全國之山坡地、平地及山地皆有,是全面性的種植,以經濟型裁修為主。
經濟產值	因產量少稀有,又是臺灣特有品種,經濟價值潛能深且富開發價值。	經濟價值因產量大、市場接受度廣而久,故是目前市場茶業產值主力。
種植面積	因大部分山茶生長於山區及少部分平地,地大但不集中,四處散落於山區。	種植面積全國各地皆有,集中性強且數量多。
復育狀況	a.民國110年林下經濟案通過後正推廣復育。 b.原住民及民間山茶學會正長期計劃植栽推廣。	茶園之面積近年無太大變動,維持現況,茶苗充足並無復育狀況。
繁殖方法	因異花授粉故以有性生殖居多,扦插苗較少。	以無性繁殖扦插的方法居多,以求其品種單一性。
管理方式	以無農、肥之管理為主,茶樹不主張過度矮化,茶樹高度較高,品質較佳。	以慣性農法居多,農肥管理為主,破壞土質,但產量大,以栽矮樹群為主。
水土保持性	對土壤保水力及碳權推廣有絕對正向功效。	根系淺,抓不住泥土、水份且較易破壞林地,致使水土保持性差,喪失水土保持的功能。
茶農接受度	因認知推廣少,尚未普及,接受度較低。	數十年來根植臺灣,故茶農接受度高。
未來展望	臺灣茶始祖,具珍貴稀有性,故未來在本土、國際將有絕對的地位至高價值。	因是臺灣茶的種植主力,故未來有絕對性的經濟功能。

在各區域高山、坡地、樹林、臺地廣闢山茶園,對於水土保持絕對有正能量的幫助。
圖為自然農法型茶園(2017.5.6)

節,使土地利用的永續性更延長,且臺灣又是個颱風頻繁的島國,如何在防災、減災、避災的過程中,種植可保育水土的樹木,保地、保水、保家園外,又能增加經濟效益,實屬最佳水土保持的政策。故說水土保持要做好,青山綠水得長保,而在政府林下經濟推廣的政策中,在樹林下種植山茶,在各區域高山、坡地、臺地亦廣闢山茶園,應有絕對正能量的幫助,這正是山茶水土保持的最佳途徑。使臺灣人民生活在美麗的家園、平平安安、生生不息、永保安康!

2-2-4　茶苗復育工作的落實

臺灣原生山茶在臺灣這片土地上存活了萬年的歲月，是臺灣本土茶的祖先，也是臺灣人的驕傲，但在這段時光中，實質上並沒有積極在復育推廣工作上有很大成就。自先民時期甚至到近年來仍不斷有砍伐的惡行發生，導致原生山茶有不增反減的現象。其原因是對原生山茶的認知不足，重視經濟開發的利益遠勝於原生山茶的歷史意義。在民國110年6月份，立法院通過林下經濟條例，由農委會及林務局共同推動發展樹林下種植臺灣原生山茶的政策。在林下經濟的政策鼓動下，臺灣原生山茶才得以有了公開明確推廣的方向。茶苗是茶產界供應鏈的先鋒，若要把臺灣原生山茶推動資源全面化，茶苗復育工作便成為首要任務。國家體系下之林務局及林業試驗所，在這方面的推動更具代表性意義，須擔負領頭羊的重任，而民間團體、學會、農會等的配合，共同樹立了整個原生山茶生命擴展的里程碑。

茶苗復育的準備工作中，以有性繁殖的種子苗及無性生殖的扦插苗為主，因其本土性之特性影響，我們更要了解山茶其生長環境的種種因素，收集資料加以分析了解，給予最佳存活條件輔助，方有事半功倍之效。在十幾年山茶培育的過程中，我們得到了一些植栽的經驗指標。原生山茶在山林之中本來的生態環境，就是生長在樹林下，土質則以頁岩為主，亦有砂岩、礫岩等。高度大皆在海拔700公尺至1600公尺左右最多，降水量較充足，溫度以15℃–30℃左右最為適合，性喜濕熱及半蔭環境，生長於原始常綠之闊葉林中，是冠層下的樹種。有了以上的了解，則更能掌握山茶之復育條件，以下整理一些種植時該注意的細節，以供參考：

一、 冬至前後是採收山茶進行培育的最佳時間，也是扦插存活率最高的時間。

二、 山茶之種子中，沉水種子比浮水的有更大的發芽存活率。

三、 山茶扦插之復育應使用植物生根劑1000–2000倍浸之存活率較高。

四、 溫室之溫度以27℃左右為最佳，濕度以70%–80%左右最佳，光線照射應以微光之照度在1000–1500 lux為最佳，此參考值也隨著環境等變數而有所改變。

五、 土質之選用，第一初期可用泥炭土類或保濕濾水性佳之土質為主，拌以原生長環境之頁岩小碎片，更能增加存活率。第二期之換盆則可多加土質，更可穩固茶苗根系之札實。

六、 移置環境種植茶苗建議不要全日照，植披環境要有共生植物而不全覆蓋，在樹林下有遮蔭，更有健旺成長的機會。

七、 選擇有坡度不積水的坡地或平臺，海拔在原生長海拔（1500公尺）以下之環境種植山茶皆是可接受的高度。

八、 主動了解物候之環境變化，氣候季節變化及四周生物活動對山茶的不確定因素影響。

由於山茶的種原複雜多變且遺傳質多型性，故有選種的必要性，如由永康山茶選出臺茶24號（山蘊）之育出，臺茶18號（紅玉）之交配育出。為延續其本身品種的特質香氣及底韻，而以無性繁殖大量復育繁殖，是為保留品種香的完整遺傳性，故在此我們要回歸認知，山茶是喬木的本質，有性繁殖推廣是最佳目標。雖有國家單位及相關學術單位的扶持，在整體面上更需要深思熟慮，必須建立專業性機構來協助種植山茶的茶農並提供經濟輔助，對民眾普遍施以教育訓練輔導，如此方能傳承久遠。

2-2-5　山茶經濟環境考量評估

由於臺灣茶葉之茶種來源大皆以大陸傳入之茶品種為主，且歷史悠久，故在原生山茶之推廣上困難較多。在這個經濟環境考量下，會有絕對優勢亦有相對的劣勢，對內的獨特性及對外的威脅都須做一謹慎而縝密的考量，作為將來在經濟性推廣山茶時才不會混淆於虛而不實的政策性方針，以下為SWOT的分析即態勢分析法提出供考量評估：

內外優劣	內部因素	外部因素
正面要素	**優勢（Strength）** 特有原生種不可取代的地域性、單一性、獨特性及優質性，經濟上有絕對行銷特色及市場佔有率。	**機會（Opportunity）** 因為是臺灣茶的祖先，故對外有絕對茶品區隔性、競爭力、及對文化歷史性的提升，在國際市場上有絕對地方茶文化特色之優勢，創造高經濟新市場。
負面要素	**劣勢（Weakness）** 因產量目前尚少，製作工法並非完全傳統工藝，須再改良訓練，風味品質須更穩定。 認知及製作技能不足等因素影響，使得茶農種植意願不高，會造成供應鏈之斷層。	**威脅（Threat）** 當山茶市場知名度上昇，致使其他茶品替代物混淆消費市場，陌生感及親和力產生變化，是一大阻礙。 高價位茶價使得市場接受度低，較難行銷。

基於整個茶產業的多重性與利益衝突，山茶經濟環境的現狀與未來有相當大努力的空間。在主觀意識與客觀意識的了解溝通，想必未來在產官學的層次上，會各有所執，故國家必須有明確的政策方向，制定法律規範，規劃實施策略，與民間團體、學會、茶

臺灣山坡常見的慣行農法型茶園。（2017.7.3）

農等達成一條龍的短、中、長期配合關係落實執行，不然所有考量評估都將流於打水漂，以上評估僅以簡單報告，提供大家未來有更多思考路徑，共同參與。

自從民國110年六月立法院經濟委員會，在林下經濟審核中評估森林植披、不施用農藥及化肥，由林務局「林下經濟推動小組」審核通過，再經茶業改良場的研發及林業試驗所培育原生種苗，於樹林下廣植原生山茶，這正給予原生山茶推廣注入強心針，對外部因素的正面因子由國家領導推動，故在山茶經濟推廣考量中，無異是實質上的正向政策加分。

本書作者為探尋、採集臺灣原生山茶，經年累月爬山涉水遍及臺灣各個山區。（2021.12.14）

臺灣原生山茶的十大優勢及特殊性：

一、 臺灣原生山茶是臺灣最具潛能且尚未開發的臺灣茶，亦是臺灣茶的祖先。

二、 臺灣原生山茶內含的成分是臺灣所有茶樹種中最高的，如：兒茶素（catechins）、胺基酸（amino acid）、蛋白質（protein）、茶多醣（tea polysaccharides）及微量元素等。

三、 臺灣原生山茶是大葉種與小葉種的融合表現，具備大葉種的底韻及小葉種的香氣，成為不可替代的臺灣山茶特色。

四、 臺灣原生山茶強調其不施農藥、肥料的主張，其原物料的品質可達最佳品質，有助於茶養生的概念推廣。

五、 臺灣因地屬海島型氣候，表達臺灣原生山茶的獨特性及不可取代性，在生態上的優勢使其成為臺灣茶的先驅，可以在國際上發揚光大。

六、 臺灣原生山茶是一獨立的茶種，在學術上的研究價值及地位是茶學術界不可忽視的明日之星。

七、 臺灣原生山茶本質是喬木的實生苗，因此對水土保持工作有相當大的助益。

八、 民國110年6月立法院通過「林下經濟」政策，更有助臺灣原生山茶在經濟上的發展與成長。

九、 臺灣原生山茶的推廣有助於原住民文化與現代茶文化的相互成長融合。

十、 臺灣原生山茶是臺灣最原始的茶種，具歷史的不可取代性，是最有資格代表臺灣本土茶文化的茶種。

PART-3

臺灣
原生山茶的
本質及生態
環境

臺灣原生山茶的本質及生態環境

在臺灣茶葉的發展史中，對臺灣原生山茶的了解，一直是個未開發的領域，如何在其品種的認知上，進行科學性的原野調查及實驗性的認證，提供數據化證明，一直是我們努力的目標。在既有資料的研究整理中，再進行整體的臺灣原生山茶生長環境調查，不只是民間團體的責任，更需要政府單位的整合輔導，方能有系統地建立制度及架構，使其行之久遠。

以下針對原生山茶的本質及生長環境分別說明。

3-1 臺灣原生山茶的本質

3-1-1 臺灣原生山茶之分類

臺灣山茶（*Camellia formosensis*）是臺灣原生山茶科（*Family Theaceae*）山茶屬（*Genus Camellia*），茶組的植物。在1937年由日本學者正宗嚴敬（Genkei Masamune）及鈴木重良（Sigeyosi Suzuki）兩位所發表。在鈴木重良所論之《臺灣植物便覽》一書中所寫拉丁文「*Thea assamiea aff is Sed foliis glabris*」這是臺灣山茶最早的基礎名（*Basionym*）來源，在當時就已經提出臺灣山茶應是個獨立種。2007年蘇夢淮博士在其論文中亦提及臺灣原生山茶應列為種（Species）的地位，在PCR核酸檢測及DNA鑑定特徵等之實驗數據報告，臺灣原生山茶的絕對地位有不容懷疑的科學印證。

臺灣原生山茶與阿薩姆茶（*Camellia sinensis* var. *assamica*）及小葉種茶樹（*Camellia sinensis*）兩種有極大差別，臺灣原生山茶之子房及芽孢大皆無毛且光滑，而阿薩姆茶及小葉種茶的子房及芽苞則有茸毛。但經過數百年來品系之交配混合，臺灣原生山茶可能已有和大葉種如阿薩姆及小葉種品系混種雜交，而有品種

源再次交配的現況。此種交配而生的原生山茶也可稱為過渡型山茶，其子房芽孢或會有白毫毛，在進化過程中可以廣義稱為雜交型山茶。

雜交型山茶在中部特定山區及南投魚池鄉，常見於野生茶園及野放茶園，在南部少數山區間亦偶爾見其足跡，如：美濃茶頂山之野生及野放茶區及六龜藤枝山區就曾有發現此交配品系。這和外來的茶種如：大葉種之阿薩姆茶或小葉種茶，蒔茶等之交配有絕對性的關係。此雜交型原生山茶（Mating-type *Camellia formosensis*）或稱過渡型原生山茶（Transitional-type *Camellia formosensis*）的存在，於臺灣茶品種間的雜交過程中是進化所必然發生的，故亦應正名使其有明確定位。

在此提出的想法：在未來應為臺灣原生山茶作更深入的研究，並作成紀錄，奠定其學術基礎，以賦予其應有的地位。因為臺灣屬

圖一　雜交型山茶在中部特定山區及南投魚池鄉，常見於野生茶園及野放茶園（2022.2.13）

臺灣原生山茶的本質及生態環境

島嶼型氣候，也是山茶屬分布的最東邊緣地帶，獨立的地理環境造就山茶種雜交之獨立性，這也是雜交型山茶的特殊之處。在異花授粉的天然交配下也產生了一些具有特殊香氣的新品系山茶，目前尚有一些未知的地方需一一進行開發，容日後發現整理後再作發表。

而在已知的二個茶品系代表如：俗名紅玉的臺茶18號，它是以臺灣原生山茶為父本，緬甸大葉種為母本雜交而成。其品種香有明顯的肉桂、薄荷香氣，而此肉桂薄荷香在德化山茶中，就曾尋獲此品種香氣。再者就是臺灣原生山茶的變種「永康山茶」，於臺東縣延平鄉永康山區中所尋得，因其特殊品種香氣，帶有海腥、苔蘚味。民國102年首次在永康山發現時，本人曾與原住民談及其具有魚腥味而鬧出笑話。之後在民國109年8月1日已將之正式命名為臺茶24號，俗名「山蘊」，其味道也正式以菇菌香、杏仁香、咖啡味稱之。

在此，臺灣原生山茶於植物學分類中之界、門、綱、目、科、屬、種的茶屬獨立種之定位更無庸置疑。在特殊地理環境的影響下，形成它獨一無二，全世界只有臺灣特有的原生山茶，其地位當然無可取代。故把臺灣原生山茶定義為：「可以製作多樣性茶類飲用的臺灣原生種山茶」及「臺灣茶的祖先」之名，其地位自然當之無愧。

圖二　臺灣原生山茶的雜交型農藝特性（2015.10.15）

臺灣原生山茶之美

3-1-2　臺灣原生山茶的農藝特性

臺灣原生山茶品種的特性在實驗
室以科學方法、科學證明的結
果，可以得到多樣的組織差異，
如：(一) DNA萃取茶葉組織，即
以DNA定序 (DNA sequencing)
技術來區分不同山茶品種之鑑
定。(二) PCR (Polymerase

圖三 原生山茶的農藝特性 (2022.3.14)

Chain Reaction，聚合酶連鎖反應)核酸檢測及定序。
綜合兩種方式或其他分子生物學技術，如：RAPD (Random
Amplification of Polymorphic DNA，多態性DNA的隨機擴增)、
AFLP (Amplified Fragment Length Polymorphism，擴增片段長
度多型性)、ISSR (Inter–Simple Sequence Repeat, 簡單重複序列
間多態性)、微隨體等等，皆可在臺灣原生山茶的品種性上達到更
有科學公信力的印證臺灣原生山茶的品種性上達到更有科學公信
力的印證。

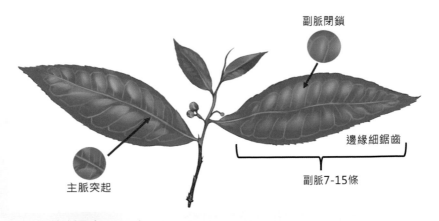

副脈閉鎖

邊緣細鋸齒

副脈7-15條

主脈突起

圖四 茶葉解析圖 (2022.4.16)

圖五　臺灣原生山茶的雜交型農藝特性（2022.2.13）　　　　圖六　臺灣原生山茶的雜交型農藝特性（2022.2.13）

圖七　臺灣原生山茶的雜交型農藝特性（2018.3.22）

臺灣原生山茶之美

圖八　臺灣原生山茶的雜交型農藝特性（2021.12.22）　　圖九　臺灣原生山茶的雜交型農藝特性（2022.2.13）

圖十　臺灣原生山茶的雜交型農藝特性（2022.2.13）　　圖十一　臺灣原生山茶的雜交型農藝特性（2022.2.13）

圖十二　臺灣原生山茶的農藝特性（2019.4.15）

圖十三　臺灣原生山茶的雜交型農藝特性（2022.2.13）

在此提出一些基本認識原生山茶的判別方式：（一）茶樹樹皮光滑呈銀灰或白灰色，枝條無毛，根部表皮呈灰褐色，表皮內層為紅褐色，且單幹直生。（二）單葉互生，芽葉少有茸毛，葉尖多呈銳型、漸銳型，葉基呈銳型或鈍型，葉型以長葉披針形居多，少數是橢圓形。（三）葉緣大多為波浪、小波浪狀，邊緣細鋸齒，副脈閉鎖，脈數大多介於7至15條。（四）葉片主脈突起，皮革質，葉面有膠質，葉背無毛，兩側葉肉突起。（五）嫩芽顏色有綠、黃、紅為主色之深淺相融，少有白化之芽色。（六）花朵以白花黃心為主，花瓣5~8片，近圓形。（七）果實有球形及扁球形，種子有1-5枚呈無毛灰黑色。以上幾點外形特徵可以做為判別原生山茶的參考。

蘇夢淮博士於2007年運用茶葉外廓型態為物料的數值分析方法，加上DNA分析的分子分類方法，對大葉種阿薩姆茶（*Camellia*

臺灣原生山茶之美

var.assamica）及小葉種茶樹（*Camellia sinensis*）所做之型態區別及分子、分類而提出其差異性。之前1950年日本人北村四郎所提出應該把臺灣山茶視為茶樹之變異的型，並以「*Camellia sinensis f. formosensis*」為學名發表，主張臺灣原生山茶應列為獨立的種。此再次證明臺灣原生山茶的品種性繁多，除了因異花授粉的交配型態，而株株不同外，也因地理環境的不同而有不同的生態香及品種香。例如：南投德化山茶，屏東的德文山茶，與臺東的永康山茶，其香氣就有明顯的不同。在採摘製作及品茗茶款之香氣滋味的判別，在每年5、6月左右於南投德化山茶區所採之茶菁就曾發現其香氣有薄荷、肉桂香，此可能是德化山茶的品種香。而臺茶18號的主香亦是如此，是否其當時之父系就是由德化山茶種選出，其關聯性應相當高，且德化山茶採摘之芽期相當短，在交配緬甸大葉種後，培育出了高產值經濟效益的新交配茶種「紅玉」。

圖十四 臺灣原生山茶的雜交型農藝特性（2022.2.13）

圖十五 臺灣原生山茶的雜交型農藝特性（2022.2.13）

圖十六 臺灣原生山茶的雜交型農藝特性（2022.2.13）

圖十七 臺灣原生山茶的雜交型農藝特性（2019.3.3）

而屏東德文山茶有著苔蘚及菇菌香，其滋味也蘊含著苦中帶鹹的品種生態特性，這與德文山茶區接近海岸，並與臺東山茶區相鄰，是否因此而使茶葉特性相似？此尚有待茶科學之驗證。比如在品味臺東永康山茶時，其品種香就十分明顯突出。於民國109年在永康山茶復育選出永康1號，後被命名為臺茶24號，其為冰河時期孑遺（Relic）物種，此菇蕈杏仁咖啡味的主香又是如何形成？這更是耐人尋味。

圖十八　臺灣原生山茶的農藝特性 (2015.8.3)

圖十九　臺灣原生山茶的農藝特性 (2017.4.7)

臺灣原生山茶之美

圖二十　臺灣原生山茶的農藝特性 (2021.10.24)

圖廿一　臺灣原生山茶的農藝特性 (2021.10.24)

圖廿二　臺灣原生山茶的農藝特性 (2021.11.10)

圖廿三　臺灣原生山茶的農藝特性 (2021.10.24)

我們知道：茶葉之柵狀組織中含有葉綠素及類酯類等香氣物質較多，而海綿組織中含的多酚類較多，若多酚類含量高則其苦澀度也高。據蘇夢淮博士於2007年論文中提及幾點實驗論述：（一）、南投與臺東之臺灣原生山茶其DNA相似度最高。（二）、臺東永康山茶其柵狀組織薄而鬆散，而其他區域則較密實。（三）、臺灣之屏東樣本(可能是德文山茶)其柵狀組織則是稍不規則的二層細胞排列。此實驗數據與實際茶葉製作出的茶品，其香氣滋味或可相互應證，顯現出臺灣原生山茶特殊的品種香以及無可限量的發展潛能，在其多變的品種性上，期許能再次發掘出明日之星。

臺灣原生山茶在整體上其茶芽色澤是豐富且多變的，雖然影響的因素很多，如：（一）季節性的變化。（二）地區性的差異。（三）生長環境的影響。（四）種植管理方法

圖廿四　臺灣原生山茶的農藝特性 (2017.5.19)

圖廿五　臺灣原生山茶的農藝特性 (2021.10.24)

圖廿六　臺灣原生山茶的農藝特性 (2019.4.15)

圖廿七　臺灣原生山茶的農藝特性 (2011.11.10)

圖廿八　臺灣原生山茶的農藝特性 (2019.4.15)

臺灣原生山茶之美

圖廿九 臺灣原生山茶的農藝特性 (2021.10.24)

圖卅 臺灣原生山茶的農藝特性 (2019.4.15)

圖卅一 臺灣原生山茶的農藝特性 (2021.12.22)

圖卅二 臺灣原生山茶的農藝特性 (2021.12.22)

圖卅三 臺灣原生山茶的農藝特性 (2015.8.2)

臺灣原生山茶的本質及生態環境

的運用。（五）氣候的變異。但這些變數卻無法改變山茶品種性之茶芽色澤的絕對遺傳性。臺灣原生茶茶芽顏色五花八門，有白、紅、黃、綠、紫等色系變化相融互表，此色系源自異花授粉的多重性，每株茶樹皆有其特性，就如芸芸眾生般各有其包容性的生命力。其芽色如此繽紛，也正是臺灣原生山茶的一大特色。

由茶芽顏色的化學成分分析及天然交配形成的品種源探討得知：茶芽之顏色來源主要是葉綠素（chlorophyll），其代表的主色是綠色，類胡蘿蔔素（carotenoids）代表的是橙紅色，葉黃素（lutein）代表的是深黃色，此前二種脂溶性的非單一化合物，依不同的比例組合而成，加上比例較少之葉黃素，形成的茶葉色素決定了顏色分類。

圖卅四　臺灣原生山茶的農藝特性（2019.4.15）

臺灣原生山茶之美

圖卅五 臺灣原生山茶的農藝特性 (2022.2.1.3)

圖卅六 臺灣原生山茶的農藝特性 (2021.10.24)

圖卅七 臺灣原生山茶的農藝特性 (2019.04.15)

圖卅八 臺灣原生山茶的農藝特性 (2019.4.15)

圖卅九 臺灣原生山茶的農藝特性 (2019.4.15)

圖四十 大陸古樹紫芽的農藝特性 (2019.7.6)

其他變種如：（一）紫芽山茶呈現紫色，其茶葉中的花青素（anthocyanins）數量遠多於其他茶株芽葉。至於垢果山茶之赤芽山茶、瀨頭水井山茶其芽色雖也是紫色芽，但並不適用於製茶，其味道帶有梅子香氣。（二）有變異性白子化基因的有色斑類圖紋樣山茶或是白子化的白芽山茶，在其香氣滋味評估及經濟衡量下，能否在學術研究上作為復育選種，成為欣賞作物或推廣作物，讓原生山茶的復育推廣有更明確的科學化數據說明，亦有待證明。

於此雖已收集相當多的實體經驗，但未經實驗室科學證明，故將於後續之原生山茶資料發表中，進一步提供眾人參考。畢竟臺灣原生山茶的品種十分繁多，每每皆有其不可思議的發現，所謂柳暗花明又一村，往往有驚奇之遇。如何在品種性的研發復育，及眾多的原生山茶品種中尋獲最好的稀珍茶種，就等待眾人共同努力，或許，眾裡尋他千百度後，驀然回首，那茶卻在山野雲深處！

圖四十一　臺灣原生山茶的紫芽農藝特性 (2022.3.14)　　圖四十二　臺灣原生山茶的紫芽紫芽農藝特性 (2017.5.3)

圖四十三　臺灣原生山茶綠芽與紫牙的農藝特性 (2015.9.21)

圖四十四　臺灣原生山茶的紫芽農藝特性 (2015.9.18)

圖四十六　臺灣山茶的紫芽農藝特性 (2021.4.11)

圖四十五　臺灣原生山茶的紫芽農藝特性 (2021.7.22)

臺灣原生山茶的本質及生態環境

圖四十七　臺灣原生山茶的紫芽農藝特性 (2018.4.3)

圖四十八　臺灣原生山茶的農藝特性 (2018.3.22)

圖四十九 臺灣原生山茶的圖斑農藝特性 (2021.12.22)

圖五十 臺灣原生山茶的綠芽農藝特性 (2017.5.3)

圖五十一 臺灣原生山茶的白化農藝特性 (2022.2.13)

圖五十二 臺灣原生山茶的白化農藝特性 (2017.5.19)

3-2 臺灣原生山茶的
生長環境

3-2-1 海島型氣候之地理因素影響

臺灣島位於西太平洋上，地理上在亞洲東部，居東北亞和東南亞交會地帶，東臨太平洋，西岸與大陸相隔臺灣海峽，北接中國東海，南有巴士海峽，四面環海。位於東經120°E至122°E，北緯22°N至25°N，其範圍正好在茶樹生長最佳環境之東經100°E線左右及北緯23°N附近。

中國氣候大部分屬於大陸型氣候，只有最東邊的臺灣是四面環海的海島型氣候，造就出全世界最佳、最獨特的茶葉產區。而濕熱多雨，夏季炎熱，正是副熱帶地區茶葉生長的最佳區域。颱風也是臺灣的特色之一，明顯的季節變化，及非極寒極熱的溫和氣候，加之島上大部分是高海拔山區的茶生產地，此地理環境，使臺灣茶更具獨特性。而臺灣原生山茶在這封閉式的絕佳環境生態中，得以自然成長千萬年，其特殊的條件如下：（一）土質大皆為岩層結構。（二）有海洋性氣候的滋潤，濕度高。（三）仍保存冰河時期至今的遺傳因子，未曾破壞。（四）獨立的生長環境，使遺傳優勢得以繼續保留。（五）人工開發後，對保護本土

茶特色的認知已大幅提昇。有了這些優勢條件，使得臺灣原生山茶的香氣、滋味、底韻在所有茶品中擁有獨一無二多層次的豐富變化性。在海島型氣候環境的島國生態中，原生山茶集結了大葉種茶、小葉種茶的各項特點再融合成不可取代性的臺灣茶種特色，是唯一且絕對不可取代的，而這也是臺灣原生山茶的優勢。在了解此優勢後，我們就未開發的野生茶區及已開發的過渡型茶區，分析、判斷其生態環境，在未來發展的認知上更要有確實的區隔，才能有更明確的規劃及發展藍圖。

綜合以上所述，將其影響因子條列整理如下：

一、 緯度：全球茶分佈依聯合國糧農組織資料顯示有34個國家，分布於北緯38°N~南緯45°S間之亞洲及非洲二地，而臺灣即在此最佳緯度。

二、 海拔：資料顯示，茶樹生長最佳高度約海拔500公尺至1600公尺間的丘陵或臺地，而臺灣高山遍布，正是最適合的生長區域。

三、 土地：最適合茶樹生長的土壤，最佳酸鹼度為pH4.5–5.5，地質為岩、礫、沙、土等之肥沃深層土壤，富含礦物質及腐植質，臺灣亦是最佳優選地。

四、 溫度：茶樹生長最佳溫度是15℃–30℃，低於5℃則停止生長，高於40℃容易死亡，地居副熱帶氣候之臺灣絕對適合。

五、 溫度雨量：茶樹如長期乾旱或年降雨量低於1500公釐，則不適合經濟型栽培的茶園，而臺灣平均年降雨量高達2500公釐，濕度在75%–80%，正適合茶樹生長。

六、 風及日照：茶樹生長需要微風量及適當日照方可幫助茶樹正常成長，而臺灣因地處海島型氣候，正是適合其生長的環境。

3-2-2　未開發野生山茶區

未開發的野生型原生山茶生長地區，在整個原始林中的山茶區十分稀少，在臺灣既有的縣市分佈中，最北端為南投縣的眉原山茶區，範圍最為廣闊豐富，中間段茶區有日月潭德化山茶區及鳳凰山茶區的部分分佈，因量少所以大部分是未開發的林地茶區，僅有少部分稍有開發種植。在嘉義縣最可以代表的茶區則是龍頭樂野山茶區，更謹慎來說，應只有龍頭山茶區有古茶樹發現。在此區無人工種植且其茶樹亦少，四周近鄰地帶之南投縣及臺南縣山區，據當地居民所傳述，應尚有部分原始林地曾發現原生山茶的古茶樹，因其所涉之原始地深入極廣，尚待日後探索發現。

圖五十三　未開發野生山茶區 (2021.12.14)

圖五十四　未開發野生山茶區 (2021.12.14)　　　圖五十五　未開發野生山茶區 (2021.12.14)

圖五十六　未開發野生山茶區 (2021.12.14)

圖五十七　未開發野生山茶區 (2018.3.29)

圖五十八　未開發野生山茶區 (2021.12.14)

臺灣原生山茶之美

圖五十九　未開發野生山茶區 (2021.12.14)　　　圖六十　未開發野生山茶區 (2021.12.14)

至於臺東縣永康山茶區古山茶樹則更是少，除飛行傘區附近有一區外，其他也被砍伐殆盡，雖然曾開發但茶樹也幾乎無所尋獲。

最後，分佈最大的尚未開發之野生山茶區則是六龜區，其幅員廣大，涵括了高雄、屏東二縣，分布區域由西北區之獻度山（獻肚山）到東南區之德文山，皆有未開發之山茶野生原生林，此為林務局管轄內，至於國家林地範圍是否有野生山茶林，則待原野調查收集資料。此原生之生態茶區，在六龜林業試驗所的調查研究中，更為林下經濟實施奠定示範基礎，執行保護原始茶樹林計劃的政策時，其工作人員應具備以下認知：（一）設立國家一級古茶樹之非物質文化遺產生態保護區。（二）注重水土保持之安全性。（三）蒐集並建立完整的原生山茶資料庫。（四）展現觀光產業發展之經濟效益功能。（五）實施原生山茶之教育訓練，輔導設立山茶文化保護區。

所謂「前人功德後人承」，祖先
留下的天地寶，我們有義務去傳
承保留，如果一味開發破壞大自
然，則其反撲力量是吾輩無法承
受的，而保護未開發山茶區就是
我們珍愛先人遺惠的最實質證
明。

圖六十一　未開發野生山茶區 (2021.12.14)

圖六十二　未開發野生山茶區 (2021.12.12)

圖六十三　未開發野生山茶區 (2021.12.14)

臺灣原生山茶之美

圖六十四　未開發野生山茶區 (2021.12.28)　　圖六十五　未開發野生山茶區 (2021.12.28)

圖六十六　未開發野生山茶區 (2021.12.14)

圖六十七 未開發野生山茶區 (2017.5.6)

圖六十八 未開發野生山茶區 (2021.12.14)

圖六十九 未開發野生山茶區 (2021.12.14)

圖七十 未開發野生山茶區 (2021.12.14)

圖七十一 未開發野生山茶區 (2015.10.15)

臺灣原生山茶之美

圖七十二　未開發野生山茶區（2021.12.18）

3-2-3　已開發之山茶區

對已開發之山茶區的栽培,可以分為:一、野放型茶園 ,二、自然農法型茶園,三、慣行農法型茶園,四、觀光型茶園,四個等級,而其經濟產能及產量也不盡相同。

一、野放型茶區:

指的是不施農藥肥料的茶園,其前身可能是經人為耕作後而廢耕的,也可能是野生茶園予以人工管理而任其自然生長的茶園。其產量與品質如能有計畫開發,使之在一定水準中成長,其經濟效益也會隨之增加。目前因範圍空間有限、茶植栽數量不多、採收次數少,能採摘的數量亦少,難有大量茶產能,但其品質佳,與野生茶園同樣是極佳製茶原物料之來源。

二、自然農法型茶園:

狹義上指的是不施用農藥,採用自然有機肥或置自然有機肥基料的管理方式,廣義上則將無毒農法及有機農法也納入,且採適度修剪及矮化。在食安問題考慮上,這是可量產而且在較養生的環保意識管理下之產物,也是近年來極力推廣的茶園管理方式。受臺灣土地有限的因素影響,在農業與科技的配合下,無毒農法用科學的有機方式種植,可確實深耕土地,無毒及永續經營,質與量也可提昇至一定水準,其品質也可達到市場可接受的高經濟人工培養作物,在環保意識及養生概念提昇的今日,深受愛茶人士所喜愛。

圖七十三 已開發之過渡型山茶區 (2017.5.6)

圖七十四 已開發之過渡型山茶區 (2017.5.6)

三、慣行農法茶園：

指的是有使用化學農藥或化肥的管理方式，是目前臺灣茶葉主流，但對於原生山茶發展的種植上，是較不建議的管理方式。雖然量可以提高到極至，但違反原生山茶發展的初衷，故不鼓勵農民推廣種植、經營，長期以此法種植，會影響土質的活性、品質，更對水土保持無所助益。

四、　觀光型茶園：

是新時代環境推動下的茶產業文化，如廢棄的山茶園區或古山茶區，在參訪認識及介紹的過程中可提昇國人對山茶的認識，並帶動地方經濟發展，對提昇茶文化有一定的輔助效益。

臺灣原生山茶茶園目前以六龜區面積最大，尤其對天然無毒茶樹種植的原住民保護區之茶農，保護祖先留下的一片淨土，是持其初衷的原住民最佳成績。

圖七十五　已開發之過渡型山茶區（2017.5.3）

臺灣原生山茶之美

圖七十六 已開發之過渡型山茶區 (2017.5.3)

圖七十七 已開發之過渡型山茶區 (2017.5.3)

圖七十八　已開發之過渡型山茶區 (2017.4.14)

圖七十九　已開發之過渡型山茶區 (2022.2.3)

圖八十　已開發之過渡型山茶區 (2018.3.22)

圖八十一　已開發之過渡型山茶區 (2022.2.3)

圖八十一　已開發之過渡型山茶區 (2022.3.14)

而北部、中南部推廣山茶種植的山茶栽種茶農，近幾十年來也有
更廣泛的認知及種植。至於對大片自然農法園區的茶農來說，則
處於尷尬的兩難局面，既要求量的經濟成長，又要求質的提昇，
只能在ND（農殘）檢測及製作工法上做更努力的改善，求其最
大效價比。

在六龜區山茶推廣過程中，藤枝、花果山、寶山等地在過渡型之
栽培山茶轉換期中，就有難以取捨的爭議發生，而發生自然農法
與慣行農法管理上的模糊地帶。在此品質管理規章上，就必須更
明確的發揮其規範功能，以免產生魚目混珠的亂象，造成原生山
茶推廣過程執行的紛亂。至於觀光型茶園可依二方向進行：（一）
由國有林地規劃整理，開闢出適當山茶區，做為山茶觀光示範之
保護地，以保護非物質文化遺產—古茶樹為核心，進行特定區域
之參觀規劃。（二）私人種植之山茶區進行有計劃之規畫安排，提
昇山茶經濟觀光之執行。

圖八十二 已開發之過渡型山茶區 (2018.3.29)

在已開發山茶區因受環境人為等因素影響極大，稍有忽失即有極大變數，故在推廣種植規劃上有幾點值得注意：(一)茶苗品種的來源及正確性必須有一認證機構把關，才能使品種源公開且明確化。(二)種植過程管理上的正當性、持續性及效率性的執行。(三)產品品質、農殘等問題的把關，相關問題都將是以後推廣的重點規劃。

圖八十三 已開發之過渡型山茶區 (2018.3.29)

圖八十四 已開發之過渡型山茶區 (2022.2.3)

圖八十五 已開發之過渡型山茶區 (2017.5.19)

圖八十六 已開發之過渡型山茶區 (2019.4.15)

Taiwan Native Tea Trees Camellia formosensis

PART-4

臺灣
原生山茶
分布的
七大區域

臺灣原生山茶
分布的七大區域

目前之資料顯示，在臺灣山林中，臺灣原生山茶只分佈於中央山脈中部以南、東部的山區及少部分阿里山山脈、玉山山脈，在北部並未發現所謂的原生種山茶茶樹的蹤跡。臺灣山茶遍及之地可由最北的南投縣眉原山茶區至德化山茶區、鳳凰山茶區，其中間地段有嘉義縣龍頭山茶區，往南部是高雄縣六龜山茶區及屏東德文山茶區，如往東則是臺東縣之永康山茶區。如今北部只有眉原山茶區尚存一大片山茶樹，南部則以六龜山茶區為全臺最大山茶分布區域，但在分佈上在每一縣市也是各自獨立，故以縣市區分臺灣原生山茶分佈區域跨及五縣市：南投縣、嘉義縣、臺東縣、高雄市及屏東縣。而如以山頭區則分七個山頭：眉原山茶區、德化山茶區、鳳凰山茶區、龍頭山茶區、永康山茶區、六龜山茶區及德文山茶區，以下針對臺灣七大山茶區域之分佈作一簡單介紹。

眉原山茶區

德化山茶區

鳳凰山茶區

龍頭山茶區

六龜山茶區

永康山茶區

德文山茶區

臺灣原生山茶分佈的七大區域

4-1 眉原山茶區

眉原山位於南投縣仁愛鄉，可由南投縣國姓鄉進入至清流部落（國民政府來臺改稱），其原住民是泰雅族亞族賽德克人族群（Se-edeq）原世居所，其後人自稱Alan-Gluba（谷路邦部落）。眉原山茶分佈於海拔1000公尺至1600公尺左右的原始森林，至1300公尺左右原始林之野生茶樹漸多，在往較高海拔之地之地大多生長於斜坡之原始森林的林地。地質上層分佈砂岩地，但下層幾乎是平滑岩石版形成，故其濾水性十分好，在走過的路程發現不少直徑30公分左右老茶樹，故其生態保持相當完整。

依大甲林區管理處保存之資料得知，在日據時期，即曾設野生茶樹保護區，但仍發現有部分林區遭砍伐後種植香菇的遺跡。

圖一 眉原山茶區原生山茶樹林海拔（2021.12.14）

臺灣原生山茶之美

國姓鄉

★ 眉原山

仁愛鄉

草屯鎮

埔里鎮

南投市　中寮鄉

魚池鄉

民間鎮　集集鎮

德化社 ★

水里鄉

鹿谷鄉

竹山鄉

鳳凰山 ★

信義鄉

眉原山茶區地理位置圖

圖二　眉原山茶區原生山茶樹生態林 (2021.12.14)　　圖三　眉原山茶區原生山茶樹 (2021.12.14)

圖四　眉原山茶區原生山茶樹生態林 (2021.12.14)

此區發現的茶樹最大樹徑有六十公分左右，茶樹齡估計有數百年以上。眉原山茶其葉形較披針且狹長，顏色也較淡黃，葉形與南部山茶區茶樹種十分接近。生態上其茶樹分佈：（一）栽培型居較低海拔。（二）原始林茶樹範圍以海拔。1300–1600公尺分佈較多，也較集中，樹身也較高。所製茶類以烏龍式製法較普遍。在香氣上生態香、木質香重也較揚，滋味甘甜而滑順，應是製茶的極佳原物料。

相對低海拔製作的紅茶，則以二春、夏茶為優先，頭春茶製作青茶、白茶、日曬茶較佳，可惜產量十分稀少。眉原山茶區雖不大，但大部分分佈在東勢林區管

圖五 眉原山茶區砂岩地質（2021.12.14）

圖六 眉原山茶區砂岩地質（2021.12.14）

圖七 眉原山茶區砂岩地質（2021.12.14）

理處及小部分南投林區管理處，我們觀察到之野生茶樹，其中有不少超過百年樹齡的山茶樹，直徑約在50公分左右，在直觀上的估量，其原生古茶樹群應是相當完整。

沙岩層地質與中央山脈南部山茶區所見之頁岩層地質略有不同，故與六龜茶區茶樹香氣滋味並不十分接近，以推廣的經濟價值考量，其茶數量目前相當少，除非在林下經濟政策下有所復育推廣，應難有全面性的種植採摘。有計畫地進行臺灣原生山茶的復育植被及茶農輔導，此任務對眉原山茶區的推廣絕對是刻不容緩的政策。

圖八　眉原山茶區地質 (2021.12.14)

圖九 眉原山茶區原生山茶樹 (2021.12.14)　　　　圖十 眉原山茶區原生山茶樹 (2021.12.14)

圖十一 眉原山茶區原生山茶樹生態林 (2021.12.14)

圖十二 眉原山茶區原生山茶樹 (2021.12.14).　圖十三 眉原山茶區原生山茶樹 (2021.12.14)

眉原山在林務局所屬之山茶生態雖有數十公頃，其茶樹高聳直上，有相當量的樹群聚落，在人工採摘上十分不易，可以考慮作為原生山茶歷史物種的見證區，山茶種源資料庫的基地，並列為臺灣原生山茶一級保護區。

加上地理是山茶區最北的寶地，居南投縣三大原生山茶區之首，其重要性更不容忽視，政府與地方可配合結合鳳凰山茶區與德化山茶區，三區共同成為臺灣中部原生山茶文化產業鏈，日後與南部原生山茶區連結成一條龍，成為臺灣原生山茶文化整體的共榮圈，此概念之實施有待大家努力！

圖十四 眉原山茶區原生山茶樹生態林 (2021.12.14).

圖十五 眉原山茶區原生山茶樹 (2021.12.14)

圖十六 眉原山茶區原生山茶樹生態林 (2021.12.14)

圖十七 眉原山茶區原生山茶樹生態林 (2021.12.14)

圖十八 眉原山茶區原生山茶樹 (2021.12.14)

圖十九 眉原山茶區原生山茶樹 (2021.12.14)

圖二十 眉原山茶區原生山茶樹 (2021.12.14)

圖廿一 眉原山茶區原生山茶樹生態林 (2021.12.14)

圖廿二　眉原山茶區原生山茶樹生態林 (2021.12.14)

圖廿三　眉原山茶區原生山茶樹生態林 (2021.12.14)

圖廿四 眉原山茶區原生山茶樹生態林 (2021.12.14)

圖廿五 眉原山茶區地標 (2021.12.14)

圖廿六 眉原山茶區砂岩地質 (2021.12.14)

圖廿七　眉原山茶區遠景圖 (2018.3.29).

圖廿八　眉原山茶區遠景圖 (2018.3.29)

4-2　德化山茶區

德化山茶位居南投縣魚池鄉，原住民以邵族為主，以日月潭為中心之德化社為名，而德化社是日月潭伊達邵的舊稱，其分佈範圍可達司馬鞍山、地利、民和山區，金龍山區等，於歷史書籍如《裨海紀遊》之述，水沙連山茶亦在此範圍之內。

此區之野生茶樹群中所繁殖之德化山茶於茶園中亦有發現，於日月潭附近的山區，所尋之茶樹亦大皆為雜交之山茶樹或大葉種茶，其品種稍具有肉桂薄荷香氣，和臺茶18號紅玉之肉桂薄荷香氣相對採摘比較下，德化山茶與紅玉有類似的香氣，故紅玉父系來源應與德化山茶有關。其茶芽成熟化速度十分快，且芽數不

圖廿九　德化山茶區海拔圖（2022.2.13）

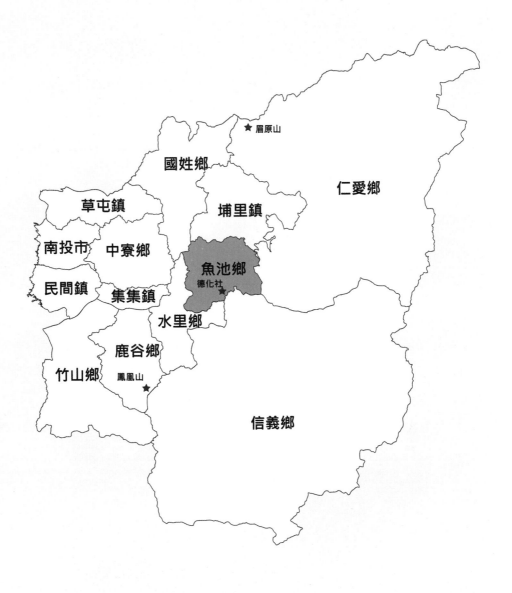

國姓鄉

仁愛鄉

★ 眉原山

草屯鎮

埔里鎮

南投市

中寮鄉

魚池鄉

德化社 ★

民間鎮

集集鎮

水里鄉

鹿谷鄉

竹山鄉

鳳凰山 ★

信義鄉

德化山茶區地理位置圖

臺灣原生山茶分布的七大區域

圖三十 德化山茶區目前是臺灣大葉種茶面積及數量最多的區域 (2022.2.13)

圖三十一 德化山茶區茶樹 (2022.2.13)

圖三十二　德化山茶區茶花 (2022.2.13)

多，和緬甸大葉種交配確實是最佳組合，可改善其缺點，加強其茶種源的生產力。

又因此區之純野生山茶日益減少，而天然雜交之變種，即有性繁殖之茶種和無性繁殖之單一性茶種逐漸取代山茶之地位，加上外來種如阿薩姆、臺茶7號、臺茶8號之引進，更擴展了德化山茶遺傳的多元化。

目前是臺灣大葉種茶面積及數量最多的區域，加上當地日月潭觀光業的知名度，如能在德化山茶品種性上更進一步改進研究推廣，並就地利之便，在魚池茶業改良場百年基礎下進行研發、教育、創新，應有無可限量的遠景。最近所推出以臺茶13號為父系、緬甸大葉種為母系交配而成之紫色系茶種—臺茶25號，常會被誤認為是臺灣原生種山茶實屬錯誤。

圖三十三　德化山茶區板岩地質 (2022.2.13)

圖三十四　德化山茶區板岩地質 (2022.2.13)

圖三十五　德化山茶區茶樹 (2022.2.13)

圖三十六　德化山茶區砂岩地質 (2022.2.13)

臺灣原生山茶之美

圖三十七 德化山茶區茶花 (2022.2.13)

圖三十八 德化山茶區茶葉 (2022.2.13)

圖三十九 德化山茶區茶葉 (2022.2.13)

圖四十 德化山茶區茶樹 (2022.2.13)

圖四十一 德化山茶區茶樹 (2022.2.13)

臺灣原生山茶分布的七大區域

圖四十二 德化山茶區茶葉 (2022.2.13)　　　圖四十三 德化山茶區茶葉 (2022.2.13)

圖四十四 德化山茶區茶葉 (2012..9.18)

圖四十五 德化山茶區茶葉 (2012..9.18)

德化山茶的選出品種，數十年來在魚池鄉當地茶園中偶有發現，因
其茶葉品種香氣，具有肉桂薄荷香而推論可能是由附近山區所移植
來之品種，但尚待實驗室之PCR定序或DNA定序之確定，至於紅玉
之父系山茶種是否即為德化山茶的選出種，在此應亦可求得實證！

圖四十六 德化山茶區茶葉 (2017.5.10)

圖四十七 德化山茶區茶葉
(2022.2.13)

圖四十八 德化山茶區茶葉
(2022.2.13)

圖四十九 德化山茶區茶葉
(2022.2.13)

圖五十 德化山茶區茶葉 (2017.5.10)

圖五十一 德化山茶區茶葉 (2022.2.13)

圖五十二 德化山茶區茶葉 (2022.2.13)

圖五十三 德化山茶區茶葉 (2022.2.13)

圖五十四　德化山茶區茶葉 (2017.5.10)

圖五十五　德化山茶區茶葉 (2022.2.13)

圖五十六　德化山茶區茶葉 (2022.2.13)

圖五十七　德化山茶區茶葉 (2017.5.10)

圖五十八　德化山茶區茶葉 (2017.5.10)

圖五十九 德化山茶區茶葉 (2017.5.10)　　　　圖六十 德化山茶區茶葉 (2017.5.10)

圖六十一 德化山茶區茶葉 (2022.2.13)　　　　圖六十二 德化山茶區茶葉德化山茶區茶葉 (2017.5.10)

圖六十三 德化山茶區茶葉 (2022.2.13)

圖六十四 德化山茶區茶葉 (2017.5.10)

臺灣原生山茶之美

圖六十五 德化山茶區茶葉 (2017.5.10)

圖六十六 德化山茶區茶葉 (2017.5.10)

臺灣原生山茶分布的七大區域

圖六十七　德化山茶區茶葉 (2017.5.10)　　　　圖六十八　德化山茶區茶葉 (2022.2.13)

圖六十九　德化山茶區茶葉 (2022.2.13)

　圖七十　德化山茶區茶葉 (2022.2.13)　　　　圖七十一　德化山茶區茶葉 (2022.2.13)

圖七十二　德化山茶區茶葉 (2017.5.10)

圖七十三　德化山茶區茶葉 (2022.2.13)

圖七十四　德化山茶區茶葉 (2022.2.13)

圖七十五　德化山茶區茶葉 (2022.2.13)

圖七十六　德化山茶區茶葉 (2022.2.13)

臺灣原生山茶分布的七大區域

131

4-3　鳳凰山茶區

在植物學分類上，臺灣原生山茶屬之鳳凰山茶分為兩種：一種是作為觀賞用的紅花黃心之鳳凰山茶（C. japonica），是非採摘製茶用之茶種；其二是可以飲用之山茶物料，因皆地處南投縣鹿谷鄉之鳳凰山區故均以鳳凰山茶稱之。而可以製茶用之鳳凰山茶種（*Camellia formosensis*）才是真正臺灣原生山茶之山茶種。

鳳凰山茶因過度開發種植經濟型農產品，目前僅存之原生山茶在臺大實驗林、鳳凰鳥園附近山區及私人地，僅發現少數。因砍伐幾盡，原生態之山茶區已不復存在，少數碩果僅存的原生山茶若再不加以保護，將成為歷史絕跡。

圖七十七　鳳凰山茶區生態林（2022.1.6）

國姓鄉

★眉原山

仁愛鄉

草屯鎮

埔里鎮

南投市

中寮鄉

魚池鄉

德化社★

民間鎮

集集鎮

水里鄉

鹿谷鄉

鳳凰山★

竹山鄉

信義鄉

鳳凰山茶區地理位置圖

● 23.71879°N, 120.82216°E 809 m

圖七十八　鳳凰山茶區海拔標高（2022.1.6）

圖七十九　鳳凰山茶區原生山茶樹（2022.1.6）

臺灣原生山茶之美

圖八十　鳳凰山茶區茶花（2022.1.6）　　　圖八十一　鳳凰山茶區茶葉（2022.1.6）

在鳳凰山茶區的山茶生長於較低環境，約海拔800公尺左右，其
土質皆為沙土結構，四周植物大皆為竹林雜木，老茶樹的存在是
否為山茶原生地值得商確，其生態調查無原始林之分佈，最大樹
徑也只在約40公分左右，且僅存幾株，因長在傾斜下坡及土沙的
地質，老茶樹在岌岌可危的環境中，若再不保護也即將絕跡。

此區茶樹種的外形經判斷似乎與其他山茶的茶形不同，其寬葉的
葉子形態在樹齡較低的茶樹上表現得更明顯，和眉原山茶及德化
山茶相比也有不同的葉形特徵。估計最老茶樹的樹齡約在300-
500年左右，但訪問地方耆老或查詢歷史紀錄均得不到相關資
訊，只知早年採摘來製成茶品的數量並不多，據訪查，當地並無
原住民居住，只有平地的漢人製成茶品用以解渴消暑，其苦澀度
高，有仙茶樹之稱。

圖八十二 鳳凰山茶區茶葉（2022.1.6）

圖八十三 鳳凰山茶區茶葉（2022.1.6）

圖八十四 鳳凰山茶區生態林（2022.1.6）

圖八十五 鳳凰山茶區生態林（2022.1.6）

近幾十年來也因無經濟價值而遭砍伐殆盡，雜草、竹林、矮灌木遍生，和臺大實驗林的老阿薩姆株保護區形成強烈對比。臺灣的非物質文化國寶山茶樹竟流落如此地步而不知保育，令愛茶人士及文化保護工作者心痛不已，政府在這環節也應出點力量，別讓這活國寶永遠消失了！

圖八十六　鳳凰山茶區原生山茶樹（2022.1.6）

圖八十七　鳳凰山茶區原生山茶樹（2022.1.6）

圖八十八　鳳凰山茶區生態林（2022.1.6）

圖八十九　鳳凰山茶區生態林（2022.1.6）

圖九十　鳳凰山茶區原生山茶樹（2022.1.6）

圖九十一　鳳凰山茶區已傾倒之原生山茶樹（2022.1.6）

圖九十二　鳳凰山茶區原生山茶
　　　　　樹生態林（2022.1.6）

圖九十三　鳳凰山茶區原生山茶樹
　　　　　（2022.1.6）

圖九十四　鳳凰山茶區已傾倒之原
　　　　　生山茶樹（2022.1.6）

圖九十五　鳳凰山茶區原生山茶樹（2022.1.6）

臺灣原生山茶分布的七大區域

圖九十六　鳳凰山茶區原生山茶樹（2022.1.6）　　圖九十七　鳳凰山茶區原生山茶樹（2022.1.6）

圖九十八　鳳凰山茶區原生山茶樹（2022.1.6）　　圖九十九　鳳凰山茶區原生山茶樹（2022.1.6）

圖一〇〇　凰山茶區原生山茶樹（2022.1.6）

圖一〇一　鳳凰山茶區原生山茶樹（2022.1.6）

4-4 龍頭山茶區

整座中央山脈由北而南其原生山茶分佈地域，在嘉義縣番路鄉的原生山茶探索中，龍頭山是僅存的原生古山茶樹生長區域。番路鄉公田村有兩個社區，即公田社區及隙頂社區。隙頂社區內包含了隙頂、鞍頂、及龍頭三村。附近之龍美村、山美村，據當地居民告知：以前即是瀨頭、水井山茶的古地。

在瀨頭山區及水井山區也曾發現赤芽山茶的蹤跡，但數量亦零星分散且稀少，因皆屬垢果山茶（*Camellia furfuracea*），並不適合製茶。再往前到樂野村已不見古茶樹，只探查到龍頭（目前可探知之原生古茶樹發現地），是唯一有見到老山茶樹的地方。

根據鄒族頭目及當地耆老陳述：由於數十年來的開發，廣植小葉種之烏龍茶系，並廣建蘭花園、咖啡等新興經濟作物後，老山茶樹區更形凋零，僅存的樂野村茶樹也在近十年來陸續被砍除，原始林中是否還有殘存之茶樹，因

圖一〇二 龍頭山茶區生態林（2021.12.28）

臺灣原生山茶之美

龍頭山茶區地理位置圖

圖一〇三　龍頭山茶區海拔標高（2021.12.28）

圖一〇四　龍頭山茶區茶樹（2021.12.28）

圖一〇五　龍頭山茶區生態林（2021.12.28）

未曾見過，尚無法論斷。經過幾天跋山涉水的調查，除了龍頭茶區外已不見老茶樹蹤影，此時心中悵然，如再不保育，國之珍寶將不復存在。

在龍頭山區所尋見之茶樹是目前已知臺灣原生山茶少數可尋獲之遺寶，且皆為百年以上之原生山茶樹。目前因山茶生長區域為私人所擁有，經調查其來源有兩種，一為原生地之自然成長；二為移植遷入的原生山茶，如何由原始林變成私人土地尚需再求證。百年來除了採少量茶葉做為茶品外，幾乎不曾管理，有「仙茶」或「苦茶」之稱。因收斂性強、苦澀度高無法被普遍接受，而任其自然成長，原來生長的山坡地也因開發墾植過度而面目全非，本來的原始風貌也不復存在。

在當地發現的幾株數百年臺灣扁柏，直徑也有一公尺以上，由其樹齡推知以前原始林的生態、山茶的生長環境，距今是如何悠久長遠！茶區經調查目前僅尚存四十幾株古茶樹，最大樹徑約有60公分，如以八年成長一公分估算樹齡，最少有400年以上，普通茶樹直徑也有20公分上下，即有150年以上樹齡，此為目前發現最密集且樹齡平均數最高的山茶群。

生長地土質大皆為沙土礫地，與當地現有茶園曾有山茶種植地比對有相同之處，其海拔大約在1200公尺左右，霧氣多、濕氣重且變化極大，坐向以坐西向東之林地為多，其茶葉香氣有濃烈的苔癬味、菇菌香，但因生態破壞嚴重僅存少數，因此如何保護此私人古山茶區，列為國家保護重地，加以復育廣植，這應是日後十分重要的任務。

圖一〇六 龍頭山茶區生態林 （2021.12.28）

圖一〇七　龍頭山茶區茶樹（2021.12.28）

圖一〇八　龍頭山茶區茶樹（2021.12.28）

圖一〇九　龍頭山茶區茶樹（2021.12.28）

圖一一〇　龍頭山茶區茶樹（2021.12.28）

臺灣原生山茶分布的七大區域

圖——— 龍頭山茶區茶樹 (2021.12.28)

圖——二 龍頭山茶區茶樹 (2021.12.28)

圖——三 龍頭山茶區茶樹 (2021.12.28)

圖——四 龍頭山茶區茶樹 (2021.12.28)

 臺灣原生山茶之美

圖一一五　龍頭山茶區茶樹 (2021.12.28)

圖一一六　龍頭山茶區茶樹 (2021.12.28)

圖一一七　龍頭山茶區茶樹 (2021.12.28)

圖一一八　作者探尋龍頭山原生茶林，與山林裡的老茶樹合影 (2021.12.28)

臺灣原生山茶分布的七大區域

圖一一九 龍頭山茶區茶葉 (2021.11.20).　　　圖一二〇 龍頭山茶區茶葉 (2021.11.20)

圖一二一 龍頭山茶區茶葉 (2021.11.20).

圖一二三　龍頭山茶區茶葉 (2021.11.20)

圖一二二　龍頭山茶區茶葉 (2021.11.20)

圖一二四　龍頭山茶區茶葉 (2021.11.20)

圖一二五　龍頭山茶區茶樹 (2021.12.28)

圖一二六　龍頭山茶區砂頁岩地質 (2021.12.28)

4-5 永康山茶區

永康山茶位於臺灣東部臺東縣延平鄉之永康部落，永康部落位於泰平鄉海拔850–950公尺的鹿野縱谷旁，部落之原住民族以布農族占多數，是臺灣野生山茶樹種最東緣區域。

永康山茶是冰河時期孑遺植物，也是目前發現最早的原生山茶種，在臺灣原生山茶體系中是一獨立的變種，也是首例復育成功的原生山茶。因其特殊的品種性，在民國108年6月20日正式命名為臺茶24號，次年民國109年8月1日票選命名為「山蘊」，是本土原生山茶中首度登場的國寶茶。

圖一二七　永康山茶區茶葉 (2022.3.30)

臺灣原生山茶之美

海端鄉

長濱鄉

成功鎮

池上鄉

關山鎮

東河鎮

★
永康村

鹿野鄉

延平鄉

卑南鄉

台東市

金峰鄉

太麻里鄉

達仁鄉

大武鄉

永康山茶區地理位置圖

大能橋 1887　加奈典山 1897　加奈義山 1822　本古山 1581　荖葉頭山 1660　秀姑山 648　新藍山 703　鳥久會山 1288　六十石山 952　泥水溪山 465　崙開南山南邊 990　臺賣山 1022　新港山 1 大能橋 1887

泰平山 903 m

圖一二八　永康山茶區海拔標高 (2022.3.30)

　圖一二九　永康山茶區全景 (2022.3.30)

圖一三〇　永康山茶區茶葉 (2022.2.11)

圖一三一　永康山茶區茶葉 (2022.2.11)

圖一三二　永康山茶區茶葉 (2022.3.30)

圖一三三　永康山茶區茶葉 (2022.3.30)

圖一三四　永康山茶區茶葉
　　　　　(2022.3.30)

圖一三五　永康山茶區茶葉
　　　　　(2022.2.11)

圖一三六　永永康山茶區茶葉
　　　　　(2022.3.30)

臺灣原生山茶之美

圖一三七　永康山茶區茶葉 (2022.3.30)

圖一三八　永康山茶區茶葉 (2022.3.30)

圖一三九　永康山茶區茶葉 (2022.3.30)

圖一四〇　永康山茶區茶葉 (2022.3.30)

在永康山茶正式命名為山蘊前有一段必須走過的路，在民國90年至民國100年間進行茶樹引種扦插及觀察比較，民國91年到93年進行栽培管理及育種計畫，以及各項化學分析、製茶、選種，民國94年至民國97年再進一步育種並進行各項農藝性狀調查、感官品評、DNA定序親緣關係等，至今方有此一成果。

記得在民國101年於臺東永康山區首見此茶，初聞永康山茶時只知此山茶品種有明顯的品種香之海腥味，味道特殊，在山茶中未曾發現，之後亦收集樣品品茗。而臺東茶改場也早進行研究開發，

圖一四一　永康山茶區生態林 (2022.3.30)

圖一四二　永康山茶區生態林 (2022.3.30)

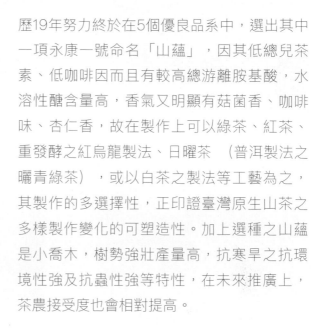

歷19年努力終於在5個優良品系中，選出其中
一項永康一號命名「山蘊」，因其低總兒茶
素、低咖啡因而且有較高總游離胺基酸，水
溶性醣含量高，香氣又明顯有菇菌香、咖啡
味、杏仁香，故在製作上可以綠茶、紅茶、
重發酵之紅烏龍製法、日曬茶（普洱製法之
曬青綠茶），或以白茶之製法等工藝為之，
其製作的多選擇性，正印證臺灣原生山茶之
多樣製作變化的可塑造性。加上選種之山蘊
是小喬木，樹勢強壯產量高，抗寒旱之抗環
境性強及抗蟲性強等特性，在未來推廣上，
茶農接受度也會相對提高。

只是製作工法技能的認知及提昇之教育輔
導，就必須再加強宣導，也希望未來能再開
發出新的山茶品種，和山蘊（永康山茶一
號）一樣成為注目焦點，成為臺灣原生山茶
新的閃亮之星。

圖一四三 永康山茶區茶葉 (2022.3.30)

圖一四四 永康山茶區茶葉 (2022.3.30)

圖一四五 永康山茶區茶葉 (2022.3.30)

圖一四六 永康山茶區茶葉 (2022.3.30)

圖一四七 永康山茶區茶葉 (2022.3.30)

圖一四八 永康山茶區茶葉 (2022.2.21)

圖一四九 永康山茶區茶葉 (2022.3.30)

圖一五〇 永康山茶區茶葉 (2022.3.30)

圖一五一 永康山茶區茶葉 (2022.3.30)

圖一五二 永康山茶區茶葉 (2022.3.30)

圖一五三 永康山茶區茶樹 (2022.3.30)

圖一五四　永康山茶區茶樹 (2022.3.30)　　圖一五五　永康山茶區茶樹 (2022.3.30)

圖一五六　永康山茶區生態林 (2022.3.30)

圖一五七　永康山茶區茶葉 (2022.3.30)

圖一五八　永康山茶區茶葉 (2022.3.30)

圖一五九　永康山茶區茶樹 (2022.3.30)

圖一六〇　永康山茶區茶樹 (2022.3.30)

圖一六一　永康山茶區茶樹 (2022.3.30)　　　圖一六二　永康山茶區茶樹 (2022.3.30)

圖一六三　永康山茶區生態林 (2022.3.30)

臺灣原生山茶之美

圖一六四 永康山茶區茶樹 (2022.3.30)

圖一六五 永康山茶區茶樹 (2022.3.30)

圖一六六 永康山茶區茶樹 (2022.3.30)

圖一六七 永康山茶區茶樹 (2022.3.30)

臺灣原生山茶分布的七大區域

圖一六八　永康山茶區生態林 (2022.3.30)

圖一六九　永康山茶區生態林 (2022.3.30)

臺灣原生山茶之美

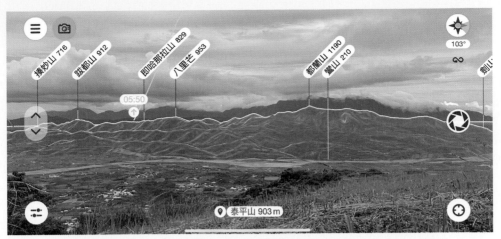

圖一七〇　永康山茶區海拔標高 (2022.3.30)

圖一七一　永康山茶區海拔標高 (2022.3.30)

圖一七二　永康山茶區板岩地質 (2022.3.30)

4-6　六龜山茶區

六龜區位處中央山脈與屏東平原之丘陵交會地段，而在整系列的
臺灣原生山茶區域分布中最為幅員廣大的原生山茶地。六龜區山
茶在高雄市、北接臺南市、東臨臺東縣，是目前臺灣原生山茶分
布最廣及數量最多的區域。

行政區上東有桃源區、茂林區、西有甲仙區、美濃區及杉林區，
南臨屏東縣的高樹鄉、三地門鄉，北方則是寶來、荖濃，由荖濃
溪縱谷西岸六龜河階上，以荖濃溪為分界溪，東邊是中央山脈的
桃源茂林等區，如南鳳山、鳴海山、五公山、西邊是玉山山脈之
十八羅漢山、茶頂山等山茶山區。延伸至南邊則臨屏東縣三地門
之德文山（觀望山），故其山茶面積植被範圍也相當廣，山茶區所

圖一七三　六龜山茶區十八羅漢山地質（2021..8.27）

那瑪夏區

桃源區

獻度山★

小林村
甲仙區

六龜區
藤枝★
寶山二集團★

尖山★
花果山★
寶山部落★

南鳳山★
杉林區

鳴海山★

內門區

八雄溪山★
網子山★
真我山★
茂林區

美濃區
茶頂山★
五公山★

湖內區

茄萣區
路竹區
阿蓮區
田寮區

旗山區

永安區
岡山區
燕巢區

彌陀區
梓官區橋頭區
大社區

楠梓區
大樹區

左營區

新興區鼓山區
三民區
烏松區
德文山★

前金區
鳳山區

鹽埕區
前鎮區
大寮區

苓雅區
旗津區

小港區

林園區

屏東縣

六龜山茶區地理位置圖

有權除了林務局最多外，原住民保護區內也相當多，而其環境生態在近年來開發種植推動下有：（一）經濟型之有機農法栽種，及慣行農法的種植，但環保養生意識提升並不鼓勵以慣行農法為之。（二）野放型是目前較為鼓勵的植栽方式，因在品質確保及經濟產量考慮下，尚是最佳方式。（三）野生型：因量少不易採摘，成本高運輸不易考量下，只能適量開放保護。綜合以上資料知悉，六龜山茶區跨越了好幾區由高雄市甲仙區、杉林區、美濃區、那瑪夏區、桃源區、六龜區、至茂林山茶區。

六龜區山茶由玉井南化往甲仙方向是西邊茶區的起點，甲仙北方之那瑪夏區的小林區域因八八風災，滿目瘡痍，在走山後的結果，道路中斷無法通行，在獻肚山區的原生山茶得以稍獲生息成長，但因品質佳，不匱識茶人之佳評，途至新發村之尖山（新開山）、紅狗山（當地居民所稱）、花果山、寶山等地，每一區域的品質、生態香各有所異，到了二集團、藤枝更是茶園區廣植，老、中、新山茶樹成為混雜各區之樹種栽植，此為寶山茶區之重點茶園，直到茂林區之南鳳山（森山）、鳴海山、網子山、五公山、真

圖一七四　六龜山茶區茶花（2021.12.22）

圖一七六　六龜山茶區十八羅漢山礫岩地質 (2021.8.27)

圖一七五　六龜山茶區十八羅漢山礫岩地質 (2021.8.27)

圖一七七　六龜山茶區頁岩地質 (2021.8.27)

圖一七八　六龜山茶區頁岩地質 (2015.12.12)

圖一七九　六龜山茶區茶樹 (2018.3.29)

圖一八〇　六龜山茶區茶樹 (2018.3.29)

圖一八一　六龜山茶區茶樹 (2018.3.29)

圖一八二　六龜山茶區茶樹 (2018.3.29)

臺灣原生山茶之美

圖一八三　六龜山茶區茶樹 (2018.3.29)　　　　圖一八四　六龜山茶區茶樹 (2015.12.12)

我山等山區則為高雄市最邊的山茶分佈，往南而達屏東縣山地門鄉之德文山區，成為最南部的原生山茶產地。

此大遍山區之原生山茶各自成為獨立之群落，香氣、滋味也有各自生態環境特性表現，海拔也由600–1800公尺左右分散在各山區，氣候也由北而南顯現熱帶季風氣候高溫多雨的特性，六龜區山茶成為中央山脈最南分布山區，谷地東側之六龜斷層是板岩所構成之潮州斷層，此區域分布地是荖濃溪以東，而以西則是六龜礫岩之沉積礫岩地，也因此兩區之原生山茶茶質特性也有所不同，在審評山茶特性上，這也成為考慮的因素之一。

六龜山茶因有以上五個區域之分佈群落，各自顯現其特質，原生茶區與栽種茶區亦發生區域混雜的生態現象，現在先大致說明，日後再更詳細描述，其狀況就如雲南之六大茶區一樣各自有其表

徵及文化陳述:

一、獻肚茶區:

屬於甲仙區,在小林聚落東部上方,因地形凸肚狀稱之,海拔原本有1600公尺,因八八風災造成土石流崩塌,上山路線更是艱難,其原生山茶生態風災前十分完整,現今已因岩層下刷,山茶樹林被沖毀無數,但仍有大遍原生山茶生長環境,樹齡較高之山茶樹樹徑約有60公分左右,風災前常有所見,但今非昔比,加上老山茶樹被盜挖更是雪上加霜。獻肚茶區的生態林為山茶樹區分佈,故其茶質十分優良,加上地理的環境優勢,頁岩土質礦物質豐富,原始樹林廣佈,故其生態香更是明顯,茶質底韻深而氣沉,沁涼膠重,香甜柔和,是不可多得的好茶區。

二、新發茶區:

此區茶山由尖山起至紅狗山茶區,但此兩區茶性卻大不相同,尖山坐東向西,位於中央山脈尾端,土質為火山岩層紅土泥,以人工種植居多,近年來有移植茶樹狀況,茶產量有日趨減少現象。

圖一八五　六龜山茶區茶樹 (2012.4.17)

圖一八六　六龜山茶區茶葉 (2017.4.14)

臺灣原生山茶之美

圖一八七　六龜山茶區茶樹 (2018.3.29)　　圖一八八　六龜山茶區茶葉 (2018.3.29)

圖一八九　六龜山茶區茶葉 (2015.10.15)

臺灣原生山茶分布的七大區域

175

圖一九〇　六龜山茶區生態林 (2018.3.29)

圖一九一　六龜山茶區茶葉 (2015.12.12)

圖一九二　六龜山茶區茶葉 (2018.3.22)

尖山茶質較乾澀冷冽，層次俐落突出，岩味十足，茶氣霸道，滋味收斂性較強。紅狗山的山向以坐南向北居多，屬原始林的較新山茶區，因其下午二、三點左右霧氣山嵐即來，坳谷濕氣較重，日照短，霧裡尋佳茗，另有其風味。紅狗山山茶風味較沉穩柔順，滋味厚實，溫潤氣雅，生態香相對明顯，對二山茶區的風味比較，更有同樣茶二樣心的茶性。此區採摘的茶菁與其他茶區的茶菁，因地理交通之便，集中於新發村的製茶廠製作較多，而成為山茶製作較興盛的地區。

三、花果山茶區：

花果山因坐東北向西南分布較多，綿延起伏山區之茶樹所製之茶也因其環境而帶有特殊之生態花香、果香，比較別區的香氣其突顯性更加明確。花果山與紅狗山中間地段的原始樹林中亦有不少原生古山茶樹，延伸至花果山則有較大區域的生態造林，在林下經濟推廣中，應可種植更多的山茶面積。

四、寶山山茶區：

本區茶樹分佈有不少百年以上古茶樹，地質之頁岩分佈平均，野放山茶林區也分散各區域，數年來原住民植披山茶環境也漸增加，生態保育的維持已有相當共識。也是山茶開發地老、中、青

的三角地帶，地理上以桃源區寶山里為代表，延伸至二集團、藤枝山茶區，此區應是南部六龜山茶區，開發最廣、最集中的經濟型茶園種植地段，集結了老茶區原生地，新開發區新生地，及過渡型的野放茶園、經濟型茶園，很多其他山茶區的茶種源亦廣植於此山區。頁岩層地質遍佈混雜多元化的生長環境，加上此區茶山以坐南向北及坐北向南居多，山谷陰陽面山嵐霧氣變化相異，展現其多重性的生態香，是目前山茶開發地段最多的地方，故在經濟型茶園的管理上也更需重視，茶園管理教育及訓練，勿因過度開發而影響生態保護的初衷，在觀光開發上更要維護好水土保持及資源整合，不然過度開發所招致的副作用，將難以再建。

五、茂林山茶區：

由藤枝茶區再往南經石山的路線，即到另一茶山的分佈區域—茂林茶區。由茂林進入真我山、五公山、網子山、鳴海山等地及扇平南鳳山，是林務局及林業試驗所六龜研究中心管轄山茶族群最大植栽範圍，林試所自民國100年起就有試辦野生山茶之標售，在經濟上及推廣山茶上兼顧並行，對解決山茶盜採之問題，及推

圖一九三　六龜山茶區生態林 (2019.4.15)

圖一九四 六龜山茶區茶葉 (2017.05.06)

圖一九五 六龜山茶區生態林 (2019.4.15)

圖一九六　六龜山茶區茶葉 (2015.10.5)　　　　　　　　圖一九七　六龜山茶區茶葉 (2015.10.5)

動六龜山茶經濟動力也有實質幫助，可以為其他山茶區域在植栽及推廣上作為參考。因此區幅廣較廣，老茶樹及中、青樹齡茶樹遍及，是茶樹種源相當好的研究，地段及保護區，在林試所監督下如何在地方經濟之山茶發展而達經濟、公益之永續經營更形重要。此區山座向以坐東向西為多，地質以頁岩為主，茶質優越，與眉原山之茶樹高聳較不相同，也有曾開發過之山茶區及古山茶區，但其樹勢較低易於採摘，原生態的質地更加吸引人採摘製作成茶品，其厚實的茶底，多層次的滋味香氣，一直是收藏品飲山茶的喜好佳茗。

在此以上陳述了六龜區山茶五個區塊的山茶環境、茶生長狀況及其介紹，六龜區山茶是全臺灣最大也是茶產量最多的原生山茶產區，每一區域的茶性也各有其特點和生態狀況及各自表述的地理觀。在製作上雖然大同小異，但如何了解各區茶的特性，製作出最富代表性的茶類，才是我們在整體的發展過程，最佳運作的結果，畢竟有好的生態，方有好的原物料，有了高素質的原物料，運用優良的製茶工藝，方可製造出好的商品，在經濟文化上方有所成。

圖一九八 六龜山茶區生態林 (2017.5.19).

圖一九九 六龜山茶區茶葉 (2018.3.29)

圖二〇〇 六龜山茶區生態林 (2018.3.29)

圖二〇一 六龜山茶區生態林 (2017.5.19).

圖二〇二 六龜山茶區生態林 (2018.3.29)

臺灣原生山茶分布的七大區域

181

圖二〇三　六龜山茶區生態林 (2017.8.14)

圖二〇四　六龜山茶區生態林 (2017.5.19)

圖二〇五　六龜山茶區生態林 (2017.5.19)

圖二〇六　六龜山茶區生態林 (2018.3.29)

圖二〇七　六龜山茶區生態林 (2017.5.6)

臺灣原生山茶之美

182

圖二〇八　六龜山茶區生態林 (2015.12.12)

圖二〇九　六龜山茶區生態林 (2015.12.12)

圖二一〇　六龜山茶區生態林 (2015.10.15)

4-7　德文山茶區

屏東縣德文山茶是臺灣原生山茶最南端的山茶分布地段，德文山又名觀望山，海拔約1260公尺，也是屏東縣內唯一的臺灣原生山茶生長區域，德文山茶保護區占地約50公頃左右，其地理位置位於屏東縣三地門鄉德文保護林之臺灣原生山茶林區。

如依其縣市行政區域及山頭分佈區分，應可以獨立出一區新的臺灣原生山茶生長地，成為臺灣第七個原生山茶生長區域。此茶區內大多數的茶山是坐西向東，迎向海面受海風吹襲，其生長的地質亦大多屬頁層岩，故其微量元素豐富，適合茶樹生長，此區內有不少百年古茶樹，其茶樹群分佈尚稱完整，但因近年來在生態環境開發上，不斷種植咖啡樹及其他經濟作物，而有茶與咖啡等作物混合栽種的現況，但此種植環境因大部分位於中、低海拔山區，故其茶樹混合林的分佈亦較廣。

在較中、高海拔的山茶區，近幾十年因人工經濟產量的需求，對原住民保護區內之臺灣原生山茶生態林內對山茶樹截枝矮化，進而砍伐破壞原始生態，此砍伐開墾的動作，雖有茶產量增加，但對原生態的茶樹生長環境及山林水土保持造成不良影響，因此如何在德文山茶保護區之原住民及居民進行宣導，在政府方面亦應

那瑪夏區

桃源區

★雞度山
小林村
甲仙區

六龜區
★藤枝
★寶山二集團
尖山★ ★寶山部落
花果山

杉林區
★南鳳山
★鳴海山
美濃區 ★十八羅漢山 ★網子山
茶頂山 ★真我山 茂林區
★五公山

高雄市

里港鄉 高樹鄉 三地門鄉 霧台鄉
德文山★
鹽埔鄉

長治鄉
屏東市 瑪家鄉
高屏溪 內埔鄉
泰武鄉
萬丹鄉
竹田鄉 萬巒鄉
新園鄉 潮州鎮
崁頂鄉 來義鄉
南州鄉 新埤鄉
東港鎮
林邊鄉 佳冬鄉 春日鄉
枋寮鄉
琉球鄉

獅子鄉
枋山鄉

牡丹鄉

車城鄉
滿州鄉
恆春鎮

德文山茶區地理位置圖

圖二一一　德文山茶區生態林 (2015.5.17)

圖二一二　德文山茶區生態林 (2015.5.17)

圖二一三　德文山茶區生態林 (2015.5.17)

奠定更嚴格之規範進行保護，加強臺灣原生山茶復育之教育訓練輔導，更須列為先行工作項目。

德文山茶因地理關係靠近海，在生態上及土質的影響，使其製作出的茶品之生態香含較豐富的海苔香氣，及略帶鹹、苦的滋味口感，故在對其區域性茶種的風味判別上，與其他六大茶區的茶質差異會有更明確的參考標準。

因此建議在原住民部落保護林中考慮在生態保護及經濟發展並重前提下，如何提昇臺灣原生山茶文化，與中部眉原山茶保護區遙對相望，共同架構串聯臺灣原生山茶區塊的山茶產業鍊，故建議以下幾點：(一)當地原住民的山茶教育訓練輔導。(二)地方政府與中央單位爭取規劃開發原生山茶保護區計畫。(三)以經濟發展帶動文化產業創新之規劃。(四)置入地方經濟發展與山茶觀光旅遊推廣。(五)加強山茶茶園管理與水土保持的共融性。希望德文山茶區也可以在臺灣原生山茶的成長過程中可以發光發熱。

圖二一四 德文山茶區生態林 (2015.5.17)

圖二一五　德文山茶區生態林（2015.5.17）　　　　圖二一六　德文山茶區生態林（2015.5.17）

圖二一七　德文山茶區茶樹（2015.5.17）

圖二一八 德文山茶區生態林 (2015.5.17)

圖二一九 德文山茶區生態林 (2015.5.17)

圖二二〇 德文山茶區茶樹 (2015.5.17)

圖二二一 德文山茶區茶樹 (2015.5.17)

圖二二二　德文山茶區茶樹 (2015.5.17)

圖二二三　德文山茶區茶葉 (2015.5.17)

圖二二四　德文山茶區茶葉 (2015.5.17)

圖二二五　德文山茶區茶葉 (2015.5.17)

圖二二六　德文山茶區茶葉 (2015.5.17)

臺灣原生山茶之美

圖二二七 德文山茶區茶葉 (2015.5.17)

圖二二八 德文山茶區茶葉 (2015.5.17)

圖二二九 德文山茶區茶葉 (2015.5.17)

臺灣原生山茶分布的七大區域

伍

PART-5

臺灣
原生山茶的
製作歷史
及適製性

Taiwan Native Tea Trees: Camellia formosensis

臺灣原生山茶的
製作歷史及適製性

每個國家都會有其代表本土的文化，而臺灣原
生山茶正可代表完全的臺灣本土茶文化，故對
其製作的歷史來源，就必須有深刻的了解。歷
史推進的過程中，無時無刻不在改變整體人民
生活的步調，茶的製作當然也就要配合不同的
生產方式。對於山茶多樣性的茶葉製作，如何
才是最佳的選擇？除了之前對茶性的了解說明
外，就是怎麼樣把原物料經製作技巧轉換成我
們需要的茶品，變成商品，本章針對如此慎重
的問題我們把山茶不同的茶類製作方式做一簡
單分享。

5-1 臺灣原生山茶製作的歷史性

臺灣原生山茶的製作在所有書籍中或原住民文化遺跡裡,歷史的記載相當少。最早採摘茶葉,並無經濟上的考慮,更無製作技術上的研發,只是當作一種生活中的飲品,作為祛暑、抗發炎、消脹去火、緩解肚痛、解瘴等之用,並不知道有不同層面的利用價值,其發展的階段過程大致可分為五個時期:

一、荷治時期 (1624–1662)

雖然當時臺灣本島有茶的栽種但數量相當少,並無經濟型栽種可供輸出。當時所輸出之茶葉商品,應是由大陸、日本轉口來臺,再送達巴達維亞城及歐美,依當時生活方式及對茶的認識程度,山茶之山區採製應較不可能,若有,也應只是簡單的日曬乾燥後沖泡的飲茶方式。

二、清治時期 (1860–1895)

1717年《諸羅縣志》記載:「水沙連內山茶甚夥,味別,色綠如松蘿。山谷深峻,性嚴冷,能卻暑消脹。然路險又畏生番,故漢人不敢入採」,而原住民不諳製茶,因此臺灣野生茶之製飲者並非原住民及荷蘭人,應是大陸移民之漢人,於康熙末、雍正年間以鐵觀音或武夷岩茶製法來提高製作品質,這也是大陸閩南製茶師傳入臺的初期,而原住民雖已有煮飲山茶療熱消暑及治病的製作

茶葉飲用紀錄，但此時山茶只作為生活飲品及在祭祀時的祭品。

三、日治時期（1895-1945）

在日據時代時，臺灣《舊貫調查第二部》曾述:茶之栽培不適於臺灣中南部，故常把所採摘之茶菁以日光曬之，其日曬的乾式法自然發酵稱為「曬日茶」，而漢人在製茶上則以鐵觀音或武夷岩茶製法之重焙火方式製之，此也影響了山茶以後重烘焙方式製茶的起源之一，但此時對於大葉種、小葉種及原生山茶的製作屬性並沒有在製作上有全方面的研究。

四、民國時期 （1945年以後）

臺灣原生山茶因產量少且滋味口感收斂性高，當時農林廳雖有一系列的茶業輔導，但對山茶的推動因無經濟利益可取及水土保持問題而未極力推廣。加上對山茶的認知不足，在製作技術上並無進一步研發，當時只有以紅茶的製法及重烘焙的部份發酵茶（青茶）的方式製造，需長期存放後其苦澀度火味方有降低，故其接受度較低，雖仍有少數民間茶農、茶商、原住民製作推廣及販賣，使大眾在市場上稍有認知接受，但其市場占有率相當低。

五、現今時期：

每一製茶階段皆有其歷史文化背景，到了現今之社會，因人文需求、生活習慣改變，對茶類製作技巧及屬性的了解也需要有不同程度的提升，故其需求性也當對的要有所修正。以下針對現在及過去的差異性提出六點，作為現在及未來推動的規劃參考：

（一） 因本土茶文化意識抬頭。
（二） 山林水土保持觀念提昇。

（三）茶業改良場的輔導及民間團體人士之研發及製作技術提高，人們對山茶的來源及品茗有進一步接受歡迎。

（四）養生觀念普遍提升，對原生山茶的品質及無農藥肥料施用的茶品養生概念更加深植民心。

（五）因原生山茶與原住民文化及現代茶文化的互融，創造更大的經濟價值商機，故在六大茶類的原生山茶製作本質上有了突破性改良製作認知。

（六）民國110年六月立法院通過「林下經濟」審核，開放樹林下栽植山茶的政策，更有助於全面性山茶推廣，增加經濟效益，並宣導茶農對山茶的種植、採摘及整體製作商品與基本品質提昇作全面性的了解。

臺灣的茶葉製作最早是由福建安溪的鐵觀音製法，傳至武夷山之武夷岩茶製法，再傳至臺灣加以改良，因此最早原生山茶製法也以重焙火方式完成，其風味火重，苦澀度也高，故少有民眾接受，加上採收的量少，人工費用高，其經濟價值自然無法提高。目前在製作技術上並沒有提昇、改變，仍只以紅茶及重焙火青茶作法居多，如能了解山茶是喬木本質，組織上的差異和灌木的烏龍茶體系及大葉種茶體系是全然不同，且山茶樹是異花授粉，株株都有不同風味，自然不可以古法之製作為依歸，由山茶的特性去認識體會，方可以在六大茶類的分類中，更完美的表現臺灣原生山茶各種不同的生態香、品種香，運用成熟的製作技術，製出臺灣原生山茶應表現的品茗風味及文化傳承，這也是對臺灣原生山茶歷史的交代及期待！

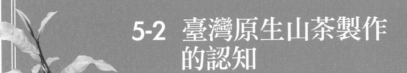

5-2　臺灣原生山茶製作的認知

在茶葉製程上的任何製作行為模式，其所受的影響皆相當繁複，除了受傳統遺留的物質文化及非物質文化影響外，也會因環境世代變遷因素，及現代科學、教育、經濟文化需求，進一步的世代謀合交替改善，而茶業文化亦是如此。除了遵循由大陸福建安溪傳至武夷山再傳至臺灣的傳統閩南烏龍式製茶工法外，也深受其他不同產區之地域茶文化及群眾喜好的需求，而有不同程度的改變。臺灣百年來受外來茶文化的洗禮浸潤，也不斷的自我改良創新，承先啟後，有了更完善的製茶工藝。但對原生山茶在製作經驗過程認知中，其數據的記錄，卻是少得不成比例。如何追本溯源，了解臺灣原生山茶的製作是一大課題。

首先在科學證明上必須確認臺灣原生山茶的本質及發展的需求：

一、 它是常綠喬木，有大葉、小葉，故其柵狀組織及海綿組織、石細胞組織等和灌木生之烏龍茶種是全然不同的茶體系，故在製作工藝上的技巧也會有所不同，須有新的體驗方能得其竅門。

二、 臺灣原生山茶除了少數命名的單一品種（如：臺茶24號）外，皆是異花授粉，株株不同，其茶葉變化性十分廣泛，有綠芽、黃綠芽、白綠芽、紅芽、黃紅芽、紫紅芽、紫芽等等，故在其茶葉的適製性上所考慮的因素也會相對增加。如

何針對山茶品種特性來製作，更考驗製茶師對山茶的了解
度。

三、 因社會大眾品茗習慣改變，在製作上需要有新的製茶工藝表
現。

四、 茶業改良場乃國家茶業之公信單位，應與民間團體及學術單
位加強原生茶之研究發展，輔導製作工序之精進改良及教育
訓練，方能使山茶之製作技術提昇。

我們在六大茶類製作上，臺灣原生山茶之原生種型及雜交型 （過
渡型） 的製品風味不同，故在製作上，要先了解如何區分茶葉的
來源及品種性，方能選擇最適當的製茶工法。如南投魚池鄉就有
較多雜交型山茶，在香氣滋味上，也受臺茶7號、8號、阿薩姆、
蒔茶之天然雜交影響，大葉種在香氣上較不洋溢，但底韻較深而
沉，故本以紅茶之製作工法為主，近年來因製作改良，有採白茶
製作，日曬茶製作 （普洱製法） 也會有相當好的茶品質地，但
因地區品牌的文化傳統工藝，只製紅茶類，而忽略了品種適製性
的其他工法。

對於原生山茶在製作上的廣泛性，我們可以由品種外型的斷定及
茶芽顏色中，就區域性栽植的山茶特性認知，依不同茶類選擇適
當的製作技術製作七大茶類，以下就主要茶類進行分享：

一、綠茶類

如永康山茶因其低兒茶素、高胺基酸、高醣類，及其特殊之品種
香，在綠茶表現上就十分突出。其他綠芽品系之山茶種也是製作
綠茶的優選品種。因其兒茶素、花青素含量較少，苦澀度也較
低，在製法選擇上，用蒸菁或炒菁式製作皆可，只是呈現的風味

也將有所差異。其他在日照少陰濕的茶區採摘之茶葉用來製作綠茶也會有十分不錯的效果。綠茶在製程中需立即殺菁，其運送過程的時間掌握必須謹慎，如何保持其鮮度是一大考驗，故綠茶在原生山茶的製作上也相對較少。

二、黃茶類

黃茶與綠茶的差異只差了一個悶黃的步驟，亦可說是早先綠茶製法過程中因緣際會所產生的茶類。在非酶促作用下適當破壞類黃酮化合物，氧化不完全，炒菁製作成乾濕茶胚後再悶黃而成。而原生山茶經此製作過程後，似乎與綠茶製法差異不大，並無明顯的製作香，僅可做為參考，斟酌比較，但也建議以綠芽或黃綠色系山茶芽為選用標準參考。此作法於臺灣山茶製作上並非主流，且黃茶製法是大陸茶葉製法，臺灣茶業普遍無此認定。對於多樣化的茶葉製作創新工法，只要能助其展現香氣、在風味上有獨特的感受，也能嘗試製作分享。

三、青茶類

在山茶製作工藝中，青茶的製法是最繁複迷人的工藝，如此的述說絕非妄言，在來自不同品種茶葉採摘後，以多層次工序，經萎凋、殺菁、揉捻、解塊、烘乾、備火，再加以細節工法修飾，又要考慮野生野放等環境之變化性、時效性，確實不容易。且其製作的茶型以半條索狀為主，不製成球形狀以利其陳化。在香氣上，綠色系芽有助香氣揚溢；底韻上，茶葉之黃、紅、紫色系則對滋味有加乘的效果。山茶的本質是喬木，而內含大、小葉的組合，取得原物料時，就應先決定製作的茶類及發酵程度。如再細分了解其茶芽顏色、葉之形狀，配合生態狀況、摘採時間的變化等因素，融合製作技巧，就可在青茶工法上決定最適當的製茶技

巧。例如：高雄獻肚地區的山茶香氣及滋味的控制，因生態環境，野生自然茶樹齡也較久，環境陰濕霧重，土質岩層廣披，故其香氣底韻也更細緻內斂，在製作上就較適合日曬茶、白茶或輕發酵青茶，使其更能表現其本質。先了解各地山茶的特性後再施以適當工法，才不會失了其最佳的茶質表現。

四、白茶類

在製作山茶工法上，白茶雖似最簡單，但要將茶質如此多變化的山茶，製作成有層次香氣、滋味的山白茶，卻是不容易。在不殺菁不揉捻的基本白茶製法過程中，藏了更多細節的小動作，臺灣原生山茶的迷人也在這，就如前述所言，先了解茶的特點，融入製作過程的每一個小細節，留下不一樣的香氣底韻，重疊再重疊，在交互融合的製作技巧中，必有佳茗產生。例如在花果山山茶的白茶製作工藝中，頭春茶控制在溫和的溫度下，在較長時間萎凋走水的過程中，給予適度小翻動浪菁，以低溫烘乾，茶品在半年後就會有明顯的花香、粉香氣味。抓住感覺，跟著感覺走，紀錄製作表，累積經驗數據，自然就能產出佳茗，而不是一味的盲目八股性製茶，一定要找出自己的經驗值來，了解茶性、製茶環境、溫度、濕度、機器熟悉度等，方能相得益彰！

五、紅茶類

紅茶的工法在山茶製作工藝上，一直是很受歡迎的製茶工法。重複以前山茶特性的述說，由本人實際經驗製茶數據累積知悉，製作山茶在萎凋時間上，需要更久的走水時間以降低其苦澀度；最重要的揉捻過程更須慎重，最少也要2-3小時分成兩階段式的揉捻，均勻破壞葉序組織，進行後段的補足發酵。故在室內溫度、濕度、光線、空氣流量、時間的掌控下，山茶的香氣滋味及韻底

在與小葉種茶、大葉種茶比較下，比二體系茶種更具備多層次的豐富感。以資料分析，雜交型山茶中的大葉種山茶似乎製作紅茶最為普遍，如南投縣魚池鄉的雜交型原生山茶，最常以紅茶工藝來製作，其山茶的風味已成為日月潭紅茶的一大特色。其天然雜交之父系與阿薩姆外型有些相似，已知人工雜交種的臺茶18號（紅玉）就是以臺灣原生山茶為父系，緬甸大葉種為母系，人工雜交所培育之品種，其散發出的肉桂薄荷香造就出無與倫比的品種經濟價值。

六、日曜茶類

這是較為陌生的名稱，簡單的說就是以普洱製法所製成的茶。因普洱茶的定義乃是大陸雲南省一定區域所產之茶葉用普洱工序所生產之毛茶，再以後發酵工藝所完成的茶，方可稱之為普洱茶。對臺灣原生山茶所製之日曬茶我們則以日曜茶稱之。追本溯源，如以臺灣原生山茶為原物料製出此茶類，其茶性與普洱茶應該有相似處，因為都是喬木，同樣也有大、小葉之品種，其品種性的相似度也應該雷同，只因生態區的差異而有所不同。大葉種茶在臺灣的傳統製茶工藝大多以紅茶為主，近年來亦有以小葉種茶製成紅茶，在製作上如選擇適當的茶種以日曬工法製茶，也能製出相當不錯的茶品。根據近十年的經驗值評估，由製茶至藏茶的變化，開發以臺灣原生山茶來製作日曜茶應有其相當的經濟性，製作出的特殊香氣滋味也是原生山茶製作日曜茶的一大特色。用二類型（原生型及過渡型）的原生山茶所製出的山茶品項，皆能表現各自不同的品種香及製作香的風味。尤其後發酵過程中，日曜茶藏茶過程中改變的香氣底韻，更能顯示臺灣原生山茶製作日曜茶的適製性。

七、黑茶類

茶葉經殺菁、揉捻、解塊再渥堆進行濕熱作用，所烘乾或晾乾的茶商品，在臺灣茶業界並不多見。近年來有人以分段式的渥堆製茶方式進行黑茶工藝製作，如取山茶為原物料製作則另有一番不同層次的風味，其滋味不苦澀、甘甜滑順。但這工藝也非臺灣茶業界的茶葉製法主流，或許和黃茶一樣，以後將因市場需求而有所改變，那吾人也樂觀其成。只是在製作時，對茶種的特性，事先需有完備的認知了解，畢竟黑茶是大陸區域的茶製法，在不同環境的臺灣原生山茶也非主流，日後或許會有所改變，目前只是提供資料作為參考。

臺灣在各種茶類的製作技術上，近年來更趨成熟，但在原生山茶的上，並沒有進一步廣泛性的製作基礎的學習和認知，而使大部分人對它有了陌生難懂的距離感。但事實上，已有少數茶農及製茶師默默在累積原生山茶的製茶經驗，如何把實務經驗結合學術性探討，再施以科學化印證，發展教材實施教育訓練，這將是臺灣原生山茶日後應有的認知及出路。

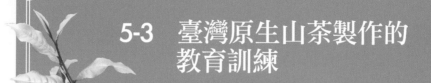

5-3　臺灣原生山茶製作的教育訓練

教育是國家與社會的百年大計，也是傳承的基礎，在教育的目標下如何執行訓練，及更進一步來好好規劃共有目標的宏觀思維十分重要。

因此在臺灣原生山茶的推廣上，教育訓練變成刻不容緩的一環。臺灣茶學教育在這幾十年的發展過程中，並沒有對臺灣原生山茶做一完整性的系統規劃。如能針對臺灣原生山茶進行系統性的研

高雄臺灣原生山茶演講 (110.06.06)

究，由茶業改良場、林試所等公家機關或學校學術單位，共同協助調查、實驗及整合報告，其整體性會更為健全。

目前在民間單位雖有臺灣原生山茶文化學會，在種植、摘採、製作、品茗上進行教育文化之展演聯誼及觀摩進修研討等活動，並研擬出版原生山茶文化相關刊物，但是如此宏觀工作需要更多的團體、學術單位投入及國家支持。如何定期舉辦學術講座，實施製茶專業技術之教育訓練，山茶人才師資培訓，須結合國家級如茶業改良場、林試所等專業單位，輔導進行原生山茶製作的教育訓練，此為目前要務。因參考文獻資料有限，研發的人力、物力、財力也不足夠，要規劃推廣這巨大的工作目標，尚待有心人士共同努力。

在這目標下提供幾點建議：

一、執行教育訓練。
二、推動審核制度標準化方案。
三、健全人力組織之架構。
四、規劃山茶經濟推廣之方案。
五、推行山茶文化之創新。
六、配合山茶栽植（林下經濟）之政策。

如此在一條龍的整合下，其貢獻融合傳承才會有長久的希望與未來！

5-4 山茶的適製性

在臺灣茶葉品種上之分類，以大葉種茶、小葉種茶及原生山茶為三大體系，大葉種茶及小葉種茶在品種上大皆為單一性品種，在品種性區分上，皆有其最佳之適製茶類的工法，而臺灣原生山茶因異花授粉，株株皆有不同，且其本質為常綠小喬木的實生種，有大葉種及小葉種綜合的各種特性，故在製作上有很多不同的製法，如綠茶、白茶、青茶、紅茶、日曬茶（曬青製法）等茶類，雖同是山茶卻有不同製法，且皆各有其香氣滋味，在此就其製法及特性分別介紹如下。

同是山茶但因各有其香氣滋味，所以製法各有不同（2022.4.11）

5-4-1　綠茶的製作及品茗

大陸綠茶品飲的人口約佔喝茶人口總數量的六成,而臺灣品飲綠茶的人口則只占了少部分,其中大部分還有一些是進口的綠茶,故綠茶的製作在臺灣並不普及。而原生山茶在綠茶製作上的要求更嚴謹,因其風味更為廣泛,不論是綠芽的披針形山茶或紅芽的披針形山茶及其他不同形色的山茶皆有其不同的香氣風味。

除了紫芽茶其花青素較重不適合製成綠茶外,眾多品種的原生山茶大部分皆適合製成綠茶,惟其製作工法須謹慎小心,其最佳原物料則以綠芽為優先。而原生型又比雜交型在適製性上更具優勢。在香氣比較上,原生型比雜交型更鮮爽甘醇,香甜清新。

永康綠茶茶形（106年）　　　　茶渣　　　　　　茶色

在山茶中所找出的品種，如從山茶的變種——永康山茶中所挑出的永康一號（即臺茶24號——山蘊），因其特殊品種香之菇菌、咖啡、杏仁香氣，製成綠茶類就十分適合。

又如在六龜區霧氣濕重的低谷地，因受地形的影響，日照短且溫差大，在當地茶農採摘之山茶製成的綠茶也有相當水準，又如生長在花果山、獻肚等地處山谷背光面的山茶也十分適合。綠茶在製作上之殺菁工藝以炒菁及蒸菁二種方式進行，只是其表現的茶質會有截然不同的香氣滋味，如人飲水，冷暖自知，以下是幾種綠茶的分享照片，以不同綠茶製作表現方法，呈現原生山茶多重性的山茶特色。

5-4-2　白茶的製作及品茗

　　白茶的製作工藝雖是最簡單的工序，但其細緻性高且具不可逆的特性，要完成品質好而富變化的好白茶可真不容易。俗云「一年茶，三年藥，七年寶，十年丹」。形容白茶長期存放的功效成果，但在茶菁選用上卻馬虎不得，所謂「巧婦難為無米之炊」。何為最適當的白茶原物料呢？臺灣原生山茶就可提供十分優質的茶菁，製作出的茶品令人讚嘆。

同樣的，二類型的山茶（原生型山茶與過渡型山茶）所製作出的白茶也是全然不同的風味。

原生型山白茶有清香雅致，細嫩鮮醇，氣純韻沉的層次感，依製作工藝的功力表現出山白茶悠遠深邃的香氣底蘊。在不同區域、季節所採摘的茶菁，要依茶種，環境不同而予以不同發酵的工藝程度，例如：春採的南鳳山山茶，採後可先日光萎凋30分鐘後，再入室靜置5–7天，期間因室內溫度、光線、空氣流通量而予以調節，撥動養茶，最後再以低溫焙乾。

不同茶菁其含水量會有所不同，利用茶葉走水過程，完成不同階段茶元素的氧化酵酶反應，存留香氣滋味的感受。經過這種白茶製程作出的茶品，在未來存放中又會有令人興奮的儲藏驚喜，因時間及茶倉的不同，產生香氣滋味的改變，如採摘頭春茶葉所製之白茶在一年轉化中就常有細緻的胭脂粉香味及花果香變化，諸如此類經驗提供大家參考。而雜交型山白茶如以魚池鄉的山茶為原物料，依上述之工藝法製之，則會有較重的香氣底韻，甜醇內

斂，並具木質香與蜜香，其感受、體會到的滋味全然不同，如沒有深入的製作體驗及多次的持續品茗，實難以辨別知悉。

特以數種茶品比較如下：

原生山茶白茶茶形（107.03.21）　　　　　茶渣　　　　　　　茶色

原生山茶白茶茶形（109.03.19）　　　　　茶渣　　　　　　　茶色

原生山茶白茶茶形 (109.04.19)　　　　茶渣　　　　茶色

原生山茶白茶茶形 (110.03.29)　　　　茶渣　　　　茶色

雜交型山茶白茶茶形（109.01.10）　　　茶渣　　　茶色

雜交型山茶白茶茶形（109.03.21）　　　茶渣　　　茶色

雜交型山茶白茶茶形（109.04.14）　　　茶渣　　　茶色

雜交型山茶白茶茶形 (109.06.16)　　　茶渣　　　茶色

雜交型山茶白茶茶形 (109.09.09)　　　茶渣　　　茶色

雜交型山茶白茶茶形 (109.05.05)　　　茶渣　　　茶色

5-4-3　青茶的製作及品茗

每一類的製茶工藝皆有其特殊性及獨特性，喜好的角度、衡量標準也不盡相同。無論工序簡單或繁瑣，在製茶師的心頭皆一樣，在所有的茶製作技巧中，青茶的製作工藝是最富挑戰性的。由採摘到萎凋、大小浪菁、殺菁、揉捻、解塊、烘乾、備火等工序，每道工序間又有小修飾，所謂「魔鬼躲在細節裡」，每一步驟皆馬虎不得。單一性品種製法，或許有一套較制式的工法，在眾多製茶變數因子中，如再增加非單一性的多重性品種因素，那其困難度勢必再增加，而臺灣原生山茶正是最富有挑戰性的品種。最早的山茶之青茶製作工藝，傳承了大陸鐵觀音及武夷岩茶的製法，一直認為重烘焙備火的方式是最能去除苦澀度、提高香氣的製法，故過去數十年的青茶製法，在查閱茶品資料中得知，幾乎都是中度以上的備火，而帶有火感，需長期存放進行轉化，長期以來製作工藝停滯不前而無創新。

近年來因山茶漸被注重，開始對本質有所了解，進而在製作工法上有所提昇改變。因認知到茶葉品種特性、區域性的生態及採集時季節性的變化，而在發酵程度高低及備火程度上有所調整、改變，以提高製作品質，在明確表達原生山茶特性方面有了較多的進步發展。但此過程仍只停留在民間愛好山茶的人士中交流，並無厚實之製茶經驗值。

青茶因製作工藝上可以有相當多層次的變化技巧，所謂「凡走過必留下痕跡」，由於青茶的製茶工藝是最廣泛應用的高深技巧，投入青茶製作的實務工作者，須多方嘗試，為後繼者留下可資參

考的紀錄，在原生山茶的認知上必先有所領悟，如只依循小葉種
灌木製作工藝的經驗，將無法將其本質發揮到極致。如六龜區的
原生型山茶就十分適合製作青茶類，特別可以把山茶的特殊品種
香、生態香表現出來，依不同山區環境顯現出不同的木質香、蜜
香及花果香，甚至在不同品種中有不同的發酵製作工藝。例如永
康山茶的製作上，如選用青茶的製作工藝法就少了一點感覺。而
魚池鄉的雜交型山茶如以青茶工藝製作，雖然在香氣上少了一些
較突出的氣味，但在底韻上卻又更沉重內斂。種種變化有待有興
趣的達人進一步努力精研這些茶區上的茶製法，或許會創造出不
同的製作技巧。青茶製作如何以最佳方式展現，就「如人飲水，
冷暖自知」了，以下就山茶的青茶製法分類作一比較：

原生山茶烏龍茶茶形 (100.04.15)　　　　茶渣　　　　　　茶色

原生山茶烏龍茶茶形 (102.04.23)　　　　茶渣　　　　　　茶色

原生山茶烏龍茶茶形 (103.04.05)　　　　茶渣　　　　茶色

原生山茶烏龍茶茶形 (103.04.11)　　　　茶渣　　　　茶色

原生山茶烏龍茶茶形 (106.08.17)　　　　茶渣　　　　茶色

雜交型山茶烏龍茶茶形 (108.04.30)　　　　茶渣　　　　　　　茶色

雜交型山茶烏龍茶茶形 (109.05.01)　　　　茶渣　　　　　　　茶色

原生山茶烏龍茶茶形 (107.03.21)　　　　茶渣　　　　　　　茶色

原生山茶烏龍茶茶形(109.04.11)　　　　　茶渣　　　　　茶色

原生山茶烏龍茶茶形(民國88年)　　　　　茶渣　　　　　茶色

原生山茶烏龍茶茶形(民國90年)　　　　　茶渣　　　　　茶色

原生山茶烏龍茶茶形（民國101年）　　　　茶渣　　　　　　　茶色

原生山茶永康紅烏龍茶形
（民國106年）　　　　　　　茶渣　　　　　　　茶色

5-4-4　紅茶的製作及品茗

紅茶製作的起源據記載，是從明朝時期武夷山正山小種紅茶工藝開始，而臺灣紅茶製作工藝則是在日治時期昭和年間，引種栽植而開啓紅茶產業的發展。

紅茶之所以稱為全發酵茶，因其不殺菁，自採摘到烘乾為止才終止發酵，故製作期間可稍掩飾其某些缺失，其普遍適用的製作工藝使其更被廣泛應用於製作大眾性茶品的經濟型茶。

但近年來消費者對品質要求日益提昇，製作茶菁除了大葉種茶種如阿薩姆、臺茶8號、紅玉、紅韻外，以小葉種茶種製作之紅茶也很受歡迎。不同的茶葉種類製作雖各有方法，但以上介紹的各種製作方法用於原生山茶製作的相對比較，仍然可以提供參考。如山茶的萎凋時間，因品種之不同就可能長達一天以上，揉捻時間在3小時左右，因山茶含水量較高，需要較長時間把苦澀度漸漸降低，如小葉種的浪菁與大葉種的靜置走水，其製作工法上的差異就有參考價值。

如何在烘焙溫度上保持較彈性的變化掌控，室內溫度、濕度高低對發酵影響的程度，又會因茶類的不同，其要求程度又各有所異，故在製作原生型山茶紅茶時，又可增加幾種變化性的製作技術。

至於製作雜交型山茶之紅茶，也須另行調整製作技巧。雜交型山茶之紅茶製法以魚池鄉大葉種為代表，如日月潭紫芽山茶（地區

性稱呼)、魚池鄉山茶紅茶,其所表現的木質香、品種香及生態香就可能有紅玉、山茶、阿薩姆等品種的香氣混雜,或因生長土質為礫地或黃土地,而表現出不同的氣味。以上二種紅茶的香氣相對於原生種山茶會較低,但底韻較沉厚,其大葉種的木質香味會更明顯,反之原生種山茶其香氣揚且滋味岩韻較明顯,底韻較清雅,且富變化。

再如德文山茶就有帶苦及鹹的滋味、菇菌苔蘚的香氣,異於其他山茶區。也因近年山區廣植咖啡,致使種植在咖啡區域附近之德文山茶,有咖啡與茶的混和香,雖不明顯,但甚為特殊,至於是否會影響原生山茶的自然生態,利弊之間一時也難以絕對判斷!其他地區如五公山茶區所製紅茶,氣韻就較深沉,發酵程度及走水似乎要更久一點、深一點,且其岩味更明顯,此與其坐西向東之地理型態應有所關連。

土質上魚池鄉鹿篙茶區的土層帶有黃土,日月潭附近茶區帶岩礫,所製之紅茶滋味也有所差異,證明不可「同法同製」須「看茶製茶」的理念,同樣是全發酵的紅茶,品茗時其不同製作技巧亦有跡可循。至於小葉種紅茶的製法,有浪菁程序或其他工法,而含帶有青香味或花、果、甜香感,應該是近年來對紅茶品茗條件需求改變,變化創新所研發出的另類紅茶製作技術。現舉例如下:

原生山茶紅茶茶形 (101.05.19)　　　　茶渣　　　　　　　茶色

原生山茶紅茶茶形 (101.08.14)　　　　茶渣　　　　　　　茶色

雜交型山茶紅茶-紅玉 (101.12.25)　　　茶渣　　　　　　　茶色

原生山茶紅茶茶形 (103.04.25)　　　　茶渣　　　　茶色

雜交型山茶紅茶茶形 (105.11.22)　　　　茶渣　　　　茶色

原生山茶紅茶茶形 (106.04.15)　　　　茶渣　　　　茶色

原生山茶紅茶茶形（106.07.15）　　　茶渣　　　　　　　茶色

原生山茶紅茶茶形（106.11.14）　　　茶渣　　　　　　　茶色

雜交型山茶紅茶茶形（108.04.21）　　茶渣　　　　　　　茶色

原生山茶紅茶茶形（100.09.27）　　　　　茶渣　　　　　　　　　茶色

原生山茶紅茶茶形（101.06.06）　　　　　茶渣　　　　　　　　　茶色

原生山茶紅茶茶形（101.07.05）　　　　　茶渣　　　　　　　　　茶色

5-4-5　日曜茶的製作及品茗

所謂「日曜茶」簡單的說，就是日曬綠茶或普洱生茶的製法。而普洱茶的定義乃是出產於大陸雲南省特定區域之茶菁，以曬青毛茶為原料，經後發酵工法加工製成之散茶或緊壓茶稱之。在臺灣則是以臺灣原生山茶為原物料，採用曬青製法之技巧，經過後發酵工法而製成之散茶或緊壓茶稱之為「日曜茶」。

日曜茶工法同樣是取原生山茶為原物料做適當短萎凋，經殺菁、揉捻、解塊後靜置日曬，工法簡單卻有著山茶喬木本質散發出的生茶日曬香，其香氣及滋味自有一番海島型氣候芬芳洋溢及優雅脫俗的感受，沒有普洱生茶深厚的強烈底韻，卻有著溫柔的氣質、清雅深遠的喉韻，和普洱茶同樣有著不同生態香及品種香特性，是很值得推廣的原生山茶製作工藝。

在區域性上，原生山茶的香味較為秀氣甘甜且細緻，常伴隨著花果香、蜜香的產生，滋味上深韻回甘，濃醇和爽，但較無普洱茶的前端式口感刺激，茶氣感覺也較柔和。

相對雜交型（過渡型）　日曜茶而言，其香氣則較為內斂低沉，甜純厚重，滋味上則更厚實濃醇，飽滿韻強，二類型表現，明顯不同。相較於普洱茶前味式的香感滋味，原生山茶則相對柔順平和，雖皆為喬木，但也受地處海島型氣候影響，山茶更為香揚氣柔，沒有大陸型氣候的普洱茶那麼霸氣韻強，是更適合島國氣候的口感。

普洱的發展早已久遠，其歷史資料收集累積甚多，故其經驗數值
及科學證明十分豐富。反觀臺灣原生山茶的研究正處於開發階
段，故對於日曬茶在大葉種或原生山茶的製作上，需要更進一步
大膽的嘗試。大葉種喬木及原生山茶的茶種特性是適合日曬工法
的原物料，至於區域性的香氣滋味差異或製作技巧的拿捏就各憑
本事了，現依不同年份、區域的茶做一比較分享：

原生山茶日曬茶餅（民國100年）　　　　茶餅（正面）　　　　　　茶餅（背面）

茶渣　　　　　　　　　　茶色

原生山茶日曜茶茶形 (105.10.29)　　　　　茶渣　　　　　　　茶色

原生山茶日曜茶茶形 (106.07.12)　　　　　茶渣　　　　　　　茶色

原生山茶日曜茶茶形 (106.10.30)　　　　　茶渣　　　　　　　茶色

原生山茶日曬茶茶形（107.03.22）　　　茶渣　　　　　　　　茶色

原生山茶日曬茶茶形（108.04.09）　　　茶渣　　　　　　　　茶色

原生山茶茶花花形（民國102年）　　　　茶渣　　　　　　　　茶色

臺灣原生山茶之美

臺灣原生山茶之大唐貢茶 茶形
（民國110年）

茶渣

茶色

觀音貢竹 茶形（民國110年）

茶渣

茶色

紫觀音 茶形（民國110年）

茶渣

茶色

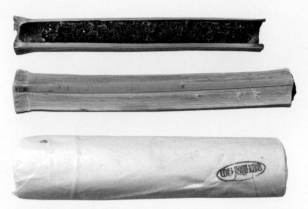

紫觀音茶形（民國100年）

紫觀音茶渣（民國100年）

紫觀音茶色1（民國100年）

紫觀音茶色2（民國100年）

5-4-6　黃茶的製作及品茗

黃茶的製作是在綠茶製作過程多了一道「悶黃」工序。其製法起源可能是綠茶炒製不當，溫度過高或過低，或是炒後茶葉攤涼時悶到，揉捻後未及時烘乾而導致茶葉變黃。故不論是悶堆後久攤或是揉捻後未及時烘乾而造成的悶黃效應，都是黃茶的製作過程的產物。

此工法在大陸只有少數地方採用，如君山銀針、蒙頂黃芽、霍山黃芽等，在臺灣更是少有人製作，只有少數嘗試性的教學或創意製作，在商業上幾乎沒有，在山茶工藝上也只有嘗試性的應用製作，並無廣泛性推廣，故在此先行不談，只以一製作茶品簡單分享。

5-4-7　黑茶的製作及品茗

黑茶的產生是在製作工藝中多了一道「渥堆」的工法，在綠茶炒菁過程中如茶數量過多、溫度過低，或時間過長而形成褐黑墨綠的茶色，毛茶因堆積發酵成暗黑色，其黃銅化合物類氧化，在堆積工法的濕熱作用下經非酶促反應而成。

此為大陸製茶工法之一，如：安化黑茶，涇陽茯磚。同樣在臺灣也少有製作，接受度並不高。依茶本質而製作或許可以研究創新，有進一步了解，在此暫不述說。但近年來有人曾以分段式的黑茶類相似工法製作，或許可稱為另類的創新黑茶工藝，但並不能代表新的製作主流。

Taiwan Native Tea Trees Camellia formosensis

陸

PART-6

茶之六需

如何品茗

山茶香

茶之六需
如何品茗山茶香

在所分享的茶學太極圖中，我們把茶道分為學術、製作、品茗、文化四項。其中品茗一項提到茶之六備：水質、器具、環境、人選，泡法及茶品；並依個人在製作原生山茶的經驗上，提出在山茶品茗中，香氣之呈現可有茶之六需：木質香、蜜香、花果香、品種香、生態香及製作香，以六樣不同香氣品茗的歸項，清楚的把茶葉品茗分析，簡單整理成可以理解而不繁雜的香型。茶的形狀可以具體描述，茶色也可以稍加以分別歸類色帶，表現出層次色彩的茶品，但味道上則較難變成可以形容的客觀文字述說。茶的香味來源是茶中不同芳香物質，以不同組合、濃度對人體嗅覺綜合神經造成反應，所顯現的茶葉特殊香氣，在人體以鼻子入香及口腔觸動，感受於鼻腔內之嗅小球（glomeruli）再傳至大腦情緒中心——杏仁核（amygdala）腦皮層整理記憶，而以不同香味的存檔。在四種茶香元素：（一）脂肪類衍生物。（二）芳香族衍生物。（三）氮、氧雜環類化合物。（四）烯類衍生物的組合下，存

在「主香」與「副香」的不同香氣表現。而臺灣原生山茶的香氣特色及來源組合在於異花授粉所長成的不同遺傳質茶株，因每株茶樹皆有其不同風味，多元組合的香氣，造就原生山茶的香氣之特殊性、獨特性及多重性。在如此複雜的組合香氣下，依其茶葉元素的科學性品茗，再整合成數種必需之香型。而在無數經驗的感官品茗，在學術支撐點的基礎上，分析思考而把茶香之六需用於茶學太極圖之「品茗」作為參考，日後將再增列補充新的資料，以達更完整的訊息分享！

茶香之六需有木質香、蜜香、花果香及生態香、品種香、製作香，如用於山茶品茗上，是最有代表性的陳述。除此六種香型外的延伸，如堅果香、藥香或其他副香型香氣，因不常於茶香中發生，故不列為品茗之主香判別。由於影響香味的因素十分多，如：茶樹品種、製作工法、生長環境之海拔、季節、土壤等及栽培方式，皆會對茶葉之製作香氣等因子產生實質改變。故從基本的單一性香型延伸至多重性香型的感官體會，感受其香型層次變化的提升，是對茶性、茶靈、茶體的昇華，也是一種茶生命寓於藝術文化的感知。近百年來因國人對山茶的神祕茫然陌生，而對原生山茶產生疏離感，以致百年來臺灣茶之瑰寶、茶之祖先一直無法被人們接受。因不瞭解而錯失了人們和原生山茶的相知相遇，殊為可惜。希望藉著此次再度發掘山茶之魂，而對它有更深刻的了解！因此在品茗山茶香上先針對最直接的香型——「茶之六需」做一簡單介紹！

6-1　木質香

何謂木質香（Incense wood）？

在無數茶葉香型的述說上，木質香是最少為人提及的香型，然而在判別茶的屬性時，它卻是最不可忽略的因子。對木質香的化學成分影響最多的有γ紫羅酮、β紫羅酮、γ雪松醇、β雪松烯、β癒創烯，二氫獼猴桃內脂等酮醇烯類化合物。此木質香的來源影響有：

一、灌木與喬木之分別。

二、不同的發酵方式製作。

三、藏茶時間的長短。

四、茶樹樹齡的影響。

五、茶樹茶質的好壞。

六、沖泡方式及水、器具的影響。

這些都會在山茶品茗時造成十分大的異變性、層次性。

臺灣原生山茶在本質上是常綠小喬木，其柵狀組織有1–1.5層，而小葉種灌木，有2–3層；這二種組織在葉片剖面厚度比較上，大葉種或原生山茶其柵狀組織與海綿組織之比例約在1:1.5–2.5之間，而小葉種約在1:1之間，故在組織上就全然不同。由於原生山

木質香型

茶之海綿組織所內含之纖維質、木質部、兒茶素也較多,故其木質香亦較明顯。

在臺灣大葉喬木茶種如阿薩姆、臺茶7號,木質香就十分明顯,大陸普洱茶的木質香亦保持此一特性。製作方式之不同,顯現出不同製茶人掌握其木質香特性的竅門。原生山茶因與大陸普洱茶都有基本喬木的屬性,故其木質香成為辨別其樹性的重要因子。茶葉內含元素以較高沸點分子之茶葉香氣而言,在不同製法上較會存留較多茶樹的木質香氣。在時間上,茶葉長期存放,藏茶過程也同樣會由生木質香漸漸轉成老木質香的藥頭味及朽木香的味道。這是陳化過程醇化所呈現的朽木香氣,故木質香在轉化過程,香氣大致分成生木質香、熟木質香,及老木質香(朽木

香）。在判別上原生山茶的發酵度及存放時間的長久當然也成了十分重要的分析要素。愈老的茶樹其木質香會愈明顯，其水沉香氣也更內斂，故其所呈現的是要更穩定清新的木質香調，所散發出的是低沉沁涼、醇和甘甜。而在新生樹則會展現生木質香的香調，因原生山茶在茶菁之選用上有株株不同的綜合性，故其木質香之前調、中調、後調三段香氣更能表現出層次上的特殊性，這也是品味原生山茶與其他茶品的不同處。

所謂冬重水、春重香，這意味著不同季節所採摘不同茶葉粗嫩，所呈現出茶的香氣、滋味不同，而茶原料的優劣更會影響茶木質香氣的淡雅、醇厚，品質的好壞將成為藏茶時選擇的一大因素。最後的影響因子是在沖泡中選用之茶器具，也對山茶沖泡展現出不同層次木質香氣的表現。木質香本身氣味元素就是較高沸點物質，故沖泡溫度以較高為首選，而客觀條件上：

一、 山茶發酵程度之高低。
二、 存放時間長久性因素。
三、 水質pH質的配合選用。
四、 器具質材運用的配合，都對山茶在品茗木質香時表現不同的特徵性有絕對的影響。

6-2　蜜香

何謂蜜香（Honey flavor）？

茶葉在大自然生態下成長，累積了無數不勝枚舉的香味，蜜香即是其中一種。此因大自然因素及人工後製因素所留下的醇甜香美的特殊香味，是人類味覺上的一大享受。蜜香香氣有三大來源：

一、芳樟醇（linalool）。
二、芳樟醇衍生物（linalool I . II . III）。
三、3,7-二甲基-1,5,7-辛三烯-3-醇。

此在東方美人茶所佔的比例，遠大於其他茶品。而此蜜香的形成是在大自然中經小綠葉蟬咬後吸食，異常代謝物質所生成之茶菁原料，經製作加工或以其他工法脫水（dehydration）而完成。故不論是天然蟲咬所生成之化學物質：

一、2,6-二甲基-3,7-辛二烯-2,6-二醇，或後者加工成分。
二、3,7-二甲基-1,5,7-辛三烯-3-醇所表現之蜜香，於東方美人、貴妃蜜、紅烏龍或蜜香綠茶、紅茶等茶品之製法，皆會受到天然或人工環境、品種單一或多重性原因之影響。

原生山茶所散發出來的多層次蜜香就更令人享受了，因為原生山茶野生野放的自然生態環境中，就會有小綠葉蟬的著涎，再經特殊之發酵，二者結合會產生山茶特殊蜜香的主香味，山茶的蜜香味不僅獨特稀有，似乎還隱藏了大自然極其美妙的深奧密碼。在品茗前需先了解如何展現此蜜香的工法：

一、 了解茶菁是否著涎及程度高低。
二、 在重發酵製法上之輕、中、重的火候控制。
三、 茶菁來源，絕對禁止農肥藥。
四、 保存藏茶上的蜜香味轉化。
五、 沖泡上水質及沖法的認知。

有了以上的認識，再了解如何品茗。

我們把蜜香分為生蜜香、熟蜜香及老蜜香三種層次。茶葉初製過程在「輕」或「重」發酵所感受的生蜜香及熟蜜香的茶葉香感，經過存放環境安置及時間的醇化、陳化後，會有一種沉而甜的老蜜香，有一種藏茶醞釀的歲月軌跡。因此在茶品儲藏過程中，應盡量在少水環境下進行，因形成蜜香的主要香氣元素是苯乙酸苯甲酯，此為高沸點物質，散發較慢，長期存放再與花香配合會形成一絕妙組合，加上山茶濃醇的底韻及多層次感，原生山茶品種香及生態香的互融，自然會產生原生山茶特有的蜜香變化。在青茶製作上依輕發酵或中輕發酵技巧製作，就會感受到生蜜香的發生。尤其在白茶製法的發酵過程中，存放一年後也常有蜜香的香甜味。日曬茶的製法，生蜜香最為明顯，這是初期後發酵過程很醒目的特性表徵，也是茶質優劣、生態環境優質化的指標參考，因此蜜香的感受在原生山茶品茗上是其一大特性。

6-3　花果香

何謂花果香　（Floral and fruity）？

所謂花果香其實是花香及果香的總稱，而且二種香氣經常在一起出現相隨相伴，故把花香及果香並稱作花果香。花香的化學成分大皆以芳樟醇及香葉醇最為重要，其他如β紫羅酮、茉莉酮，部分紫羅酮衍生物，2–苯乙醇，苯丙醇等。而果香相關之化學成分有部分紫羅酮類衍生物，部分內酯類，部分萜烯族酯類及加工存放所產生之芳樟醇氧化物之化學元素，如水果香的苯甲醇、苯甲

花果香型　白茶

醛、水楊酸甲酯。花果香是低沸點至高沸點香質的組合，原生山茶的香型算是較複雜且多變化的香型，其多樣性的香氣是由多種基礎香氣組成，有高沸點及低沸點等香型。自茶葉採摘、製成茶品，在藏茶過程中經歲月累積，改變其花香果香，相對於單一茶種的茶品，原生山茶更富變化性、豐富性及廣泛性。

在此我們把花香分為三個比較型：

一、高揚型 （上揚香）

如百合、鈴蘭、野薑花等，是一些低沸點香質揮發完後，生成較高沸點的香氣物質，其中最多的元素是芳醇，因其鮮爽的花香，令人記憶深刻，遠遠就可聞到它的香氣。

二、甜醇型 （下沉香）

如茉莉花、梔子花、樹蘭等，此香氣令人有清新、愉悅的感覺，香氣單一，印象深刻，其他元素物質如β紫羅酮、茉莉酮、部分紫羅酮之衍生物，在製作香及品種香上亦有此香型發生。

三、柔順型

如玫瑰花、桂花、蘭花等，此種香型有著柔和溫順、優雅清新的平靜香氣，令人安神，尤其蘭香似有若無，高貴不俗有王者之香的美譽，在茶香型中最為少見，不似高揚香及甜醇香之高低沸點物質組合的霸氣香質，此型化學元素氣味分子較具代表性的有香葉醇之玫瑰香，芳樟醇之蘭香。以上三種花香型的分類有助於原生山茶在品茗各種茶類所表述的層次感。

在果香上品茗也分有三個比較型：

臺灣原生山茶之美

一、生果香

又稱鮮果香，如新茶常見的蘋果香、水蜜桃香、梨香或因較長時間存放而有沁涼感的西瓜香。果香可能是單一氣味也可能由數種香氣混合而成，如在鳳凰單欉及臺灣高山茶就常有較單一型的果香在，而在原生山茶的複合香氣則常有多層次混和果香表現，因不同山茶品種之香質沸點在發酵過程會轉換成高沸點香氣交互融合。

二、熟果香

其香氣表現在醇化之熟香型的水果，如龍眼、荔枝等熟蜜香之酵素香型、高沸點萜烯類及脂肪衍生物的組合。常發生在較高度發酵及有焙（備）火之茶類，在儲藏日久的前發酵、後發酵茶類中亦常有此香型。此香型常有沉斂厚實的下沉香氣，靠焙（備）火

熟果香型　清茶

技巧及藏茶器具長時間存放中的青茶類及日曬的日曬茶類（普洱），均十分常見此優質的熟果香味。

三、酸果香

在茶葉存放過程中，因末食子酸與兒茶素進行化學反應，產生如梅酸之果酸味，其酸內斂而不揚，沉穩而不刺激，有一種酵素轉化的酸感，是一種時間累積而產生老茶的酸、暖感覺，此酸果香與加工及儲放中產生的芳樟醇氧化物有關，不同於因外加化學物質所產生的刺激醋酸味。此三種不同類型的果香，造成茶葉品茗過程中香氣與滋味的層次感，此為山茶風味多變，引人入勝之處。

臺灣原生山茶之美

6-4　生態香

何謂生態香（Ecological incense）？

茶樹在其生長區域受環境影響，吸收有機物或無機物所產生之香氣，於茶葉品茗中口鼻所感知的味道，此香型味道即稱生態香。環境中之動植物、土質或其他不明氣味來源，皆是產生生態香的因素。

原生山茶生長在森林或野生的山區，受原生態的植物影響最鉅，如竹林中的竹香，松樹林中的松香，野花散出的花香，特殊植物所傳之特殊味。或者生長之地，如岩地、礫地、黃土地等，皆各有不同的影響。若有肥料之施用而未轉化完全也會產生肥料氮(N)、磷 (P)、鉀 (K)殘餘之肥料味。原生山茶在中央山脈生長的區域，土層大皆為片頁岩，其岩味就十分明顯，例如：

一、　在玉山山脈最南部高雄市之十八羅漢山，以其礫石沉積岩比對荖濃溪對面的茂林區頁岩層地質，兩處之茶質就有明顯的不同。

二、　屏東縣德文區山茶因靠海，就有明顯的鹹味及苦味。

三、　六龜區花果山部分茶區之生態環境是竹林區域，所採之茶品就有淡淡竹香。

四、藤枝部落有些茶區有種木棉花，即有木棉花的生態香。

五、山區在野薑花廣生之地，就會有野薑花味。

六、一些較高海拔山區，如鳴海山或德文山較高之松、杉樹林地，其茶葉同樣也有松杉香氣。

這種山茶多樣化環境的變化因素，在品茗山茶上正可做為探究其區域地點的參考因子。同樣的影響如發生在受汙染地區，也會有不同雜味的吸附，故在整體製作品茗上，生態香雖然香氣不明顯，卻是山茶多重性氣味產生的重要因素。因此如何定義生態香在製作香上的表現，而給予不同的發酵程度，是製作山茶的重要技巧。尤其是在製作輕發酵的青茶、日曬茶或者是高發酵度的青茶、紅茶，都是影響生態香是否能存留的一大考慮。

臺灣原生山茶之美

山茶生長大皆在海拔1000公尺上下，高於海拔2000公尺以上即較少發現，故高海拔之高冷香山茶十分稀少。在靠近高海拔附近山區所採的原生山茶，如以低發酵製法所得之茶品，就明顯帶有沁涼感的香氣。生態香只是在品茗山茶時的一項參考，而非絕對的因素，因在製作過程中，要把低沸點香質的生態香味保持住實屬不易，這當然也考驗製茶者對山茶的認知及製茶功力了！

茶之六需——如何品茗山茶香

6-5 品種香

何謂品種香（Variety incense）？

茶樹不論是地方品種或雜交育成的品種，其特殊香氣在品茗上可作為分辨茶葉品種的香味，稱為品種香。其最具代表性的品種由臺茶1號到臺茶25號，其中包含了大葉種、小葉種之喬木、灌木及臺茶24號之山茶，都明顯遺傳了親本或交配種的品種香。

大葉種如阿薩姆、緬甸大葉種、臺茶7號、臺茶8號、紅玉和紅韻，小葉種則如青心烏龍、翠玉、金萱、四季春等，各品種皆有其特殊品種香氣，且其主香味會保留品種香的特徵性。在臺灣原生山茶中最能代表的交配品種即是臺茶18號紅玉，由父本臺灣原生山茶及母本緬甸大葉種雜交而成，具有濃烈的肉桂薄荷品種香氣，適合製作成紅茶及白茶。而單一性的原生山茶則是民國109年發表的品種—臺茶24號，俗稱山蘊，它是由臺灣原生山茶之變種永康山茶一號所挑出，且是最早公布的山茶單一品種，是冰河時期孑遺物種，有明顯的菇菌香、咖啡味、杏仁香，故其品種香十分強烈且易於分辨。山茶的繁殖方法最常見的是以有性繁殖種植，因異花授粉而株株不同，在眾多不同遺傳質的山茶樹種中選拔，挑選出獨具特性且易於分辨的品種。經選種、育種等各方面的栽培實驗，再以無性繁殖之扦插繁衍進行復育推廣，以期能保證單一品種性的遺傳。簡單的說，即在眾多種源庫中成長的山茶

臺灣原生山茶之美

永康山茶 (111.3.30)

源中，選出單一性的山茶品種，如臺茶24號，或許以後我們能有機會再續選出特殊的單一品種，脫穎而出，推廣發展成具有經濟效益的明日之星。故原生山茶發展的未來絕對是永續性的，能復育出無可取代的新品種且其經濟價值的存在也將更大。在臺灣獨特的的海島型氣候及岩質的土地特性上，臺灣原生山茶將會是最能代表臺灣本土茶文化的茶源，也因品種的多樣化，在茶葉製作上可依不同茶種的特性來製作綠茶、黃茶、青茶、白茶、紅茶、日曬茶或黑茶等七大茶類工藝。這種依循山茶的特性而製作出全方位的茶品，是臺灣製茶技巧提升躍進的新里程碑。每一種復育出的新山茶品系，都能代表一完整的山茶獨立體系，創造出最高的經濟價值，其茶文化創新的地位，也更能突顯出臺灣茶祖先在國際上不可取代的地位。由不清楚臺灣原生山茶的內涵，到認知原生山茶的浩翰無邊，在學術製作及品茗上以文化傳承為主軸，科學印證為基礎，經濟力為後盾，臺灣原生山茶獨立茶種的未來將是一片光明！

6-6　製作香

何謂製作香　（Making incense）？

製茶師依茶葉生產加工及製程，所製造出不同發酵度茶類的茶品，其茶葉所發出的香氣滋味是為其製作香。在所有香型中這是最富挑戰性的，因為製茶師在製茶前，需先了解幾項先決條件，方可製出好的茶品：

一、對茶菁之來源清楚掌握。

二、製茶環境及機器之清楚明瞭。

三、製茶師本身對茶學術及製作認知的熟悉程度。

四、茶品在茶器沖泡的控制了解。

此基本四項因子將影響一款佳茗製作香之表現。尤其在對多重性原生山茶與目前市場上單一性茶種的品茗比較，會有所不同。故須於製作前對臺灣原生山茶有所認識，不然將無法感受到應有的香氣滋味及底韻。

依據茶菁的來源及對茶菁的辨識，決定製作何種品項的茶類及發酵程度，因原生山茶樹種乃異花授粉，株株不同，不清楚其茶菁內容將無法製出最適當的茶品，如用傳統性工藝，必然在製茶方向上會偏了目標。在製作環境的控制及機具的選用上，必然會影

響茶的品質，如海拔、環境、溫度、濕度、光線及通風等因素，會對製茶香氣滋味有絕對性的影響，這幾個外在因素的選擇及運用是可控制的變項，但如要在內在茶道修養上精進，其學術性的茶知識基礎及製茶技術的訓練更是必要，所謂「臺上一分鐘，臺下十年功」，製作香是結合帶動木質香、蜜香、生態香、花果香、品種香，五種香型能量的驅動原力。尤其人們對香氣的嗅覺是十分主觀的，各人喜好皆有不同，故製茶師習慣性的製茶技巧也是製作香獨特香氣的來源之一。

原生山茶因具備了廣泛性的香型組合，每一次的製作皆會有不同層次香型產生，可能會在在品茗上產生味覺、嗅覺、口感上多重香味的感覺。且冷香及熱香各有不同，每次的茶葉香型底韻，似乎皆無法有一定性的認同，而造成購買認知的溝通阻礙，然而這也是山茶迷人的地方，所謂「柳暗花明又一村」，每每都有新的體會。

就如大陸普洱茶也同樣具有多樣性，而有所謂茶葉拼配的做法，如年份配、季節配、區域配、品種配等製茶師的工藝巧思，但這見仁見智，無絕對性的對或錯，對於原生山茶而言，無論單一式作法或拼配式的工法，在評鑑上或商業品項上的正當性，都必須有一套公平可接受的制度和規範，在製作香的評審上才不會有所爭議。

PART-7

不同角度
茶文化的
陳述

不同角度茶文化
的陳述

在數十年來浸潤於茶文化的過程中，由無到
有、由淺入深，無時無刻皆在以「茶」為師的
相隨下不斷學習。在由臺灣到大陸各地，探訪
茶文化在兩地的差異及共同性時，也記錄下了
無數心得。茶學所包含的不止是茶藝展演及茶
道內涵之學術、製作、品茗而已，無論是茶藝
或是茶道的呈現，都只是茶學短暫的表達，如
果沒有文化的延伸，這些很快就會被人們遺
忘，所謂「雁留聲羽人留痕，前人功德後人
承」，凡走過的必留下痕跡，人們無數的生活
習慣經長期累積方成文化，在文化底蘊的加持
下方可行之久遠，在此僅以幾篇所寫文章來表
達心中微薄之感！

臺灣原生山茶之美

7-1 臺灣野生山茶之美

在臺灣茶的歷史中想找出臺灣山茶的歷史地位，可在臺灣地理最早形成的淵源中去探索。臺灣在歐亞板塊與菲律賓海板塊推擠中形成，其來源與大陸密不可分。臺灣山茶的來源在大陸，但數千年來臺灣這塊土地已形成一個完全獨立的海島型氣候地理環境，野生茶的茶樹群在這樣的條件下已生長超過數世紀。有關野生茶的歷史記載文獻目前並不多，十幾年來因好奇，抱著學習的心態，走訪臺灣的偏遠山區，穿梭在茶樹群間，瞭解野生山茶的特殊性和獨特性。有別於我們所知悉的栽培型茶種，經過了十幾年來無數的體驗和印證，臺灣野生山茶的美在地理人文、山林景物和生長環境上都讓我留下感動而美麗的印象。

臺灣島嶼上的山景壯麗，高山叢林綿延，孕育了無數野生茶的生命之始。歷史中記載著臺灣經歷荷蘭佔據、鄭成功登臺開發、清朝統治、日治時期、大陸移民至今，無數的歲月累積與世事推移變化，滄海桑田，臺灣野生山茶在這塊土地上，隱姓埋名般生長在臺灣叢林山野間，為自己的生命寫下歷史，見證臺灣這塊滋養孕育它生命的土地，共舞在群山林壑中成為傳奇。這十幾年來我把親身穿梭在臺灣野生山谷間的種種經驗和見聞，與大家分享，和大家一起感受「臺灣野生山茶」的美。未來或許在先民遺留的史蹟及原住民史料文化中可找尋出許許多多的印證。

茶學之途浩瀚無涯，即使窮其一生也無法究竟完全。茶形於外者謂之藝，而蘊於內者謂之道。在探索過程中山茶如何形成呢？因它是異花授粉，在無數不同山茶種交配下，根本數不清到底有多少品種。我們有系統的依據各山頭的茶種尋找出它的差異性，加以分析分門別類，目前尚無真正在學術研究上清楚的記載說明，然而經驗告訴我們，可在茶種外形上判別出大喬木、小喬木的混合性；在茶葉外形上分析多種茶的品項；在茶菁顏色外觀上可發現有紫芽或綠芽系統。根據目前所發現的山茶可做成的六大茶類的茶品，會因異花授粉的關係，在口感表現上有相當不同層次的變化，每款製作出的茶葉更是款款風情，有其獨特鮮明的個性。以青茶為例，其製程是部分發酵的作法，香氣基本表現有蜜香、木質香、漸層的果香、花香、參香、蘭桂香等各種不同的香形，一點一滴不斷在鼻腔上散逸著各種香氣，在口感上更是不斷地感受到五味的層次變化，觸動著味蕾，波波生津，留下山茶飽滿厚實的底韻。細細品嘗這山茶細膩的滋味，可感受到精氣神被引領到臺灣野生茶生長環境的氛圍裡。在底韻厚度上，亦顯現出喬木主根深竄地底，吸收土壤中無數的岩石礦物元素及豐富微量元素，口口喝得到大地給予元素能量的感動。

山茶的香味、喉韻及茶氣的感受與其它栽培型茶樹種的表現是不同的，此種感受如人飲水，冷暖自知，需親自品嚐體會方知那柳暗花明又一村的舒暢，一山還有一山高的意境。如踏進山林裡，遊人仙蹤般的暢快，正所謂佳茗似佳人，「兩腋習習清風生」的感受表露無遺。在野生山茶中每一山頭有每一山頭的茶氣，因其地理環境不同各有差異，土質、坐向、地形都大大決定了它不可測的多樣性。因每棵茶樹的滋味皆不同，在無數茶樹的採摘下，製作後更呈現不同山頭的特殊性。如永康山茶的菇蕈香，德化山茶的薄荷香，六龜區各個山頭的獨特香味，如花香、果香、木棉

香、竹香、參香、菇蕈香、梅香等等。以上種種香氣如入大觀園，想要探個究竟，須用心品味、細心思維感受，方能了解它的美。山茶美在它千變萬化的滋味香氣，綿長無限的韻味，獨一無二的山頭味道，厚實的杯底香韻展現出熱有熱香，冷有冷香佇足心中。在欣賞臺灣野生茶的細膩處時，深刻感受到臺灣山茶的魅力，同時這也是臺灣野生山茶的驕傲，臺灣野生山茶也能闡述臺灣茶的文化，希望未來能在學術文獻上有其定位與貢獻。我們這些對茶道文化有這麼多情感的茶農、茶愛好者，對於這些數千年累積的茶文化資產的傳承，深深感受到任重道遠的使命感，對於身為茶文化推動者所要背負的責任，覺得既深重又驕傲。

那臺灣野生茶的前途呢？不只是山林資源的維護，更需要教育所有飲茶人對山茶的認識，愛它而不破壞其生長環境，珍惜它而不阻絕它的成長空間。因野生山茶樹屬於喬木，同時也具備了水土保持的功能，如果臺灣野生山茶可以被保護，將野生山茶賦予新的定位，其重要性可代表臺灣之光，更是臺灣茶根源的國寶。上蒼給了臺灣人這塊福爾摩沙茶的聖地，是一種恩賜，往後的工作絕非單一人或團體所能勝任，所謂眾志成城，美麗的遠景等著我們共同

創造。現今食安問題嚴重，茶的品質更顯得重要，不施農藥的自然農法概念，也廣泛地受到大家的重視，野生的東西本就稀有珍貴，數量當然也就稀少。茶性本寒，山茶本是原住民解熱消暑的必需品，人稱山茶能解百毒，雖言之過實，但可知在先人的日常生活必需品中有其獨特的地位。在山茶的實用功能上，山茶不只是一種植物，也是生活的飲品、治病的良方、交易的商品，在水土保持、學術研究都有其實用價值。千年古樹在這塊土地上凝視著我們這些生活在這大地的子民，在這漫長歲月中默默躬行老祖宗不滅的精神文化、毅力與傳承。無數歷史的背書與印證，臺灣野生山茶在臺灣茶史上的定位與榮耀是無庸置疑的。其生命環繞在我們生活中，但我們又是以哪種角度去看待野生山茶呢？

有人問什麼是好茶？我總是回答一句話，「你喜歡的就是好茶」，喝了能健康的才是好茶，有人一輩子追尋一泡好茶，也有人喝了一輩子的茶，只要是茶他就接受。一泡好的野生山茶是自然、純淨的，它不只能淨化身體負能量的雜氣，更可提升免疫力。化學分析中，有萜的元素才能產生氣力，氣力的形成在野生山茶中更可讓人有全然不同的意境，野生山茶可養正氣、靈氣、意氣、去穢氣排體毒，是「中庸之道的茶」，是「陰陽合一的茶」，品了它永遠有回到家的感覺。俗話說靠山吃山，靠海吃海，這不也是臺灣野生山茶給予我們後代子孫的最大福祉嗎？

所謂生于斯、長于斯、死于斯，臺灣是一塊淨土大地，讓我們得以擁有臺灣野生茶是一種厚愛，我們也在它的陪伴下默默成長，緊密地連結我們和大地的相倚情感，累積出人與茶文化的基礎。或許它並不要求我們一定要做什麼，但我們這些後代子孫又何曾為它做了什麼？身為臺灣茶的傳人，在這無限的寶藏傳承中所看到的願景與希望，你說，臺灣野生山茶，它美不美？

7-2 茶行八道解析

任何學說或理論之存在發展，必有其學術理論及實踐科學的印證。不論是文字論述或是言辭討論，皆必須在論證上拿出說服人的證據，而這些在歷史軌跡所留下的各種資料，皆是研究者的心血結晶。同樣的在茶領域的學習成長過程中，就必須抱持著「以遺後世」的心態，方能奠定日後成就基礎。因此對茶的研究，只能採漸進式，由近而遠的學習，須特別注重其階段性，每個過程都要穩扎穩打，絕不可妄想一步登天、一蹴即成。所謂「雁留聲羽人留痕，前人功德後人承，水因善下終歸海，山不爭高自成峰」，一切皆有最好的安排。

何謂茶行八道，它是茶生命過程之道，也是遇茶之人的學習與感悟，《楞嚴經》曾說：無情何必生斯事，有物終將累此生。茶有了生命的過程，如人之有性、情、物這般的靈性感悟，因此而有了茶行八道之述說，即說一、種茶：緣入茶門。二、摘茶：習茶何物。三、製茶：心體成茶。四、品茶：人茶合一。五、藏茶：茶源史觀。六、傳茶：傳承茶道。七、成茶：修茶成真。八、忘茶：了然無茶。此八道程序即吾人所謂之茶行八道，簡述如下：

第一道門「種茶」

這是茶生命的開端，認識茶生命的第一步。不知茶為何物，又如

臺灣原生山茶之美

何緣入茶門呢？結了善因緣，自然依各人福報而各有所得所獲，這一份「因」能結何種「果」就看各自修行了。可能是一畝田，十畝地，如何經營，每個人心中皆有一把尺，須各自好好琢磨一番。所謂「有情來下種，因地果還生。無情亦無物，無性亦無生」，沒有真正的行動誰也不知道結果如何。可能一步就夭折了，也可能一世一輩永不相棄。不要當個機會主義者，臨淵羨魚毋寧作個真正的實踐主義者，立即種下第一畝「茶」田，總會有機會開花結果的。至於要開什麼花、結什麼果？那就要看你怎麼耕耘，怎麼栽了。故種下「茶」的因緣，不只是一株茶樹或一片茶田，而是從種下「茶心」的開始。也是「緣入茶門」的開始。

第二道門「摘茶」

摘茶是一種成就、一番喜悅，更是一段歷練的開始。感悟種茶後的收成結果，可能是驕傲或者是懊悔，面對自己所栽，所摘的成果，檢視茶生命的一開始、過程中的風風雨雨，在實踐中學習，錯與對都是成長的養分。選擇你要的栽培品種、區域、方式、理念及方向，講得更明白，種下茶樹品種的選擇就是種下你的茶心。再了解地方生態環境的影響，以何種方式種植？是慣行農法、自然農法或野生野放的農法？其理念必當決定日後摘茶品質之高低及生產量的多寡，這是種下因所收成的第一道果。生命本是如此，汲汲碌碌的工作或輕輕鬆鬆的生活，成就人人不同的生活層次。但不要忘了，摘了茶並不是結束它，而是茶葉延續其生命的開始，「莫道寒時將已了，開花枝葉又一春」，如何把摘茶的成果化成另一生命的展現，那才是另一層次能量的轉化。無論其結果如何，可以是失望、落寞或歡笑慶祝，但不要忘了，如沒有辛苦得來的茶葉，那什麼皆不是，如前所言：「雁留聲羽人留痕，前人功德後人承」，不管你曾留下什麼，它都是你辛苦留下

的東西，告誡我們要懂得「珍惜」，因為得之不易，每片葉子皆是無數歲月累積生長中的生命成果，在摘茶過程中方知「習茶何物」之理。

第三道門「製茶」

這是成就茶葉一生的地方及方法。不論製茶之前，卑賤如何，高貴如斯，這一道的歷練，將決定出世的成功或失敗。製茶是高貴的天蠶再變，無私的把無變成有，平凡轉化偉大，全乎在於製茶師的功力運用。茶雖有千萬種以上變化的製法，如何意化心觀，心中有悟，去了解茶的出處來源、製作環境、器具的提供是否完善，製茶師傅的專業程度如何，方可製出物盡其用的好茶。製茶是一種修練，必須先了解所製茶的各種資訊，據以判斷要如何完成這段功課。七大茶類在不同發酵度下各有不同製法，由採摘、萎凋、小浪、大浪、堆菁、殺菁、揉捻、解塊、至包揉、複揉各種細項工法，到最後的烘焙及備火，在在

考驗製茶人永不停續的學習能力。千萬不可執念八股茶法，要精益求精求變，因為製茶在學術及科學基礎下須內化於心，看茶做茶，故在經濟發展及藝術技能展現下，二相斟酌中，各取所需，就沒有所謂的衝突性權量。就如師傅告誡：適人適心適茶，隨意其法而不踰矩，當其所為，心中有悟，數自成理，行於自然，當然蘊成，即順自然，自不再拘謹。製茶自當圓融，而這過程則須無數鍛鍊，天下沒有白吃的午餐，唯有用心體悟製茶方能過「心體成茶」的門。

第四道門「品茗」

何謂品茗？一品為口、二品為心、三品為意，茗者為草中之名者也，以六根之「眼耳鼻舌身意」行實體官能直取六塵「色聲香味觸法」。六塵映之六根而生六識之判別而保存記憶，如此互互相動方能產生見、聞、嗅、味、覺、思，之眼識、耳識、鼻識、舌識、身識、意識等六識之成。以上為品茗之道源，想要六根清淨、一塵不染、意法相成，就須入世相識體驗，故前三道「種茶」、「摘茶」、「製茶」即是入世之考，須行之有悟，到了品茗時自然一通百通，而心無障礙，如只品非品，是飲非飲，那只有流於生活之安適、趣味，非品也。故俚俗有曰：

清官論茶，茶也清清	孩童論茶，請加些糖
高官論茶，罐裡玄機	茶童論茶，唯命是從
皇帝論茶，唯我獨尊	販夫論茶，不拘小節
茶農論茶，滴滴辛苦	工人論茶，消暑解渴
茶商論茶，皆是好茶	秀才論茶，頭頭是道
茶人論茶，人茶合一	文人論茶，琴棋書畫
茶師論茶，據理評論	禪師論茶，句句禪機

茶仙論茶，玄之又玄　　道士論茶，氣脈全通
茶痴論茶，無茶無我　　雅士論茶，風花雪月
酒仙論茶，茶酒同家　　情侶論茶，濃情蜜意
茶博論茶，博了再博　　夫妻論茶，閉口就好

以上之論茶各有特色所思，故在品茗的感受上皆有說不盡的話語
意境，而在實體印證上之「茶之六備」的敘述如：水、器、境、
人、泡法、茶，更是考驗芸芸眾生在品、飲、喝茶上的認知及修
養。古云：「萬丈紅塵三杯酒，千秋大業一壺茶」，其所含蘊的
雄心霸業乃至世人有云：「自爾伴野煙，不與世爭榮，但得知己
者，至味淡泊中」的閒雲野鶴之心，道盡世人與茶的不解之緣，
永恆之愛，而達到「人茶合一」的相知相印。

第五道門「藏茶」

這是一道潛藏的修行，認真的訴說這是「生命回饋」的反思。在
緣入茶門的第一天，就要體會藏茶的必須性，因為那是歷史習茶
過程的印證，須得一步一腳印，留下足跡供後人追尋。前人曾經
走過的路及經驗不一定是對或錯，即使是對傳承的教學者思想也
不一定要秉承不變。但有一點是不可否定的思考應諾，即是：
「前人的心血智慧與遺產，必有其可學習之處」，如何去蕪存菁
求其道，這才是藏茶的本義。只有不斷的學習吸取歷史經驗借
鏡，自行感悟之，將方有所成。古人曰：「讀萬卷書不如行萬里
路；行千里路不如尋良師一名；尋良師一名不如得一心法」便是
此意。而藏茶之心，即是告誡眾人只有一路用心，鍥而不捨，方
能意化心觀得一心法。然而急功躁進卻是目前習茶之人的通病，
如只想觀一望二，想三求四跳五，欲進一求十，那一路的結果就
如俚語所言：「鼓脹的青蛙取無肉」。習茶過程雖然十分艱辛費

臺灣原生山茶之美

時，但要怎麼收穫你就要怎麼栽，取巧不得，經由種茶、摘茶、製茶、品茶、藏茶五道的淬鍊習成，這僅僅是為師之始而已，試問己心，又有多少人能有此感悟？或許有了青秧插滿田之心境，感知退步是向前的道理，方知茶源史觀的藏茶，意涵了多少禪學之悟、佛理之意。

第六道門「傳茶」

此為傳承茶道之始，欲為師則須先習茶為何物，想以茶心之道貫通古今之學，此方為起始之初。師者傳道，授業，解惑也，非經一番寒澈骨，何來杏壇學子之林？欲成撲鼻之香，就更應精益求精，不斷學習，所謂教學相長正是此意。而在傳茶過程中，常會因目標偏倚而失去了初心，故不忘初心更顯其慎重，因名利之爭，人心之慾而導致一敗塗地，故傳授茶道之人更須謹記：「茶德不言，飲人以和」的道理。又如〈茶經〉所言：「茶之為用味至寒，為飲最宜精行儉德之人」。故吾人繪有茶學太極圖之精義，以作為為習茶之人所歸向，如此方有所安措也！如依其內涵之意，遵循漸進，不但思路明白，各有所專研而不失其方向，再循次漸進根深蒂固，必有所成。最怕的是想要一蹴即成的心態而操之過急，急功近利，失之方寸，那就得不償失了。教育是百年大事，傳承更是千秋大業，茶道文化早有數千年傳承，歷史基礎何以不滅而更加興盛？因茶學之茶藝、茶道早已深入民心，融入生活，故日後吾人更將以茶為師，以臨深履薄之心，為教育傳承無私奉獻，方不失茶之為正道之師也。

第七道門「成茶」

此為成就茶道之至高無為心法。古有唐代茶聖陸羽傳世之教，而今亦有如臺灣茶葉之父吳振鐸博士、茶學泰斗張天福大師等，皆

是中國茶葉界成就茶道推廣的代表，這也是無上至高的榮譽，萬古留芳，成就非凡。茶之所以能成為中國人的精神，物質傳承之依歸所在，不止是茶能成為人身心靈的共融及人類生命的能量，也是天人合一的歷史觀，人在尋求無限的功名利祿，當功成利就時，也要想到在承繼先人功德之後，須傳之後世，再啟後人之福報，方能代代相傳。此為厚德載福和氣致祥的因果善道。詩人李白：「古來聖賢皆寂寞，唯有飲者留其名」的酒詩，或許好茶之人亦有「古來茶者皆寂寞，惟有飲者留其名」的茶詩，宗教上之儒道釋三教以茶教化或是「禮」，或是「氣」或是「和」，皆是把中國茶道核心思想正、清、和、雅的精神做最佳闡述的說明。

第八道門「忘茶」

要達心中了然無茶，這是無茶的忘我。或許吾輩終其一生也無法達其境界，但此忘茶之門正也是道家佛家所闡述的空靈之界，以天地萬物為芻狗的概念。茶學之圓融太極生大和的思想，這是一種能量的極至，也是一種出世的境界，吾人未有之領悟亦不敢言，所謂心中有悟，數自成理，行於自然，當然蘊成的天地自然之序，早有所安排，時機成熟後再等待有德之大材再行分享。

7-3　習茶知茶的禪心

「問茶是何物？雖品天下茶，盡述茶中事，不知茶何物！」雖習得茶中一切人生路，但卻不知茶中七情六慾的無言。古有唐代趙州觀音寺高僧從諗禪師一句「喫茶去」的禪林法語，所謂「茶」乃在生活中，悟道則在平常隨時之地。唐代茶聖陸羽留下《茶經》這部著作為後人所歌頌，無數前人的遺典風範，數千年來茶史不斷流傳。時空轉變，人事已非，青山依舊在，幾度夕陽紅，人面不知何處去，桃花依舊笑春風。習茶習的不是名利之心，物慾之念，需在外飾與內涵修持中精進，個人所造的業力個人擔，就如同南投小鹿谷淨律寺照因師父生前所告誡：「茶在心中時刻在，以茶為師心中求，無欲無剛雖為法，清淨妙法無盡藏」。佛法道心，教化人心的入定禪心，早已在人世間傳播，只是六慾薰心，忘了初本。以茶心融入生活而習其內義，解悟習茶知茶所述說茶之五心，取之為借鏡，傳為教化。茶之五心即：空杯之心、滿杯之心、污杯之心、覆杯之心及漏杯之心。以物入茶心，表其義，明其理，行其道，傳而述之。

一、初茶之心為空杯之心

天生萬物必有用，其性本為空，所謂「道清自在，混沌原生」。欲求四時行，百物生，則必先悟其空性，本著與萬物學習的心，希冀有所成。習茶又何嘗不是如此？化空為明，能知能悟；虛懷

其谷，表其心，立其言，行其果。茶為師無所不言，因頑性不醒而使其茫然。記得四十年前初學茶時，師傅就曾開示：「欲知茶、了茶，就要忘了茶」。當時茫然不解，今日方知，因心中無茶，人茶早已融合一體，又何須再言？空杯之心不只是一種態度，也是人生學習的「悟」，是「悟求斷捨離，法妙無盡藏」的習茶大道。千萬不可流於執念之八股心態。茶如人，人如茶，若以物執心觀之，當然就無所精進。定、靜、安、慮、得的過程不可操之過急，循序漸進方有所成。要怎麼收穫，就要怎麼栽，習茶如此，人生的成長又何嘗不是如此？常保快樂的空心，正是禪的智慧！

二、習茶心滿是為滿杯之心

持驕桀自滿之態，既滿則溢，放不下自我的傲持，成就不了成長的昇華。既已滿又何來生命的精彩？謙受益，滿招損；性安和，亂自敗。飲求安和一片天，就待鋪滿功德路，常留三分方寸地，受用無窮一輩子。杯中茶且留三分，茶則能傾而不溢，飲者自在，注水泰然。如滿注，行茶者其心謹而慌，慌則必亂。習茶者皆自滿，旁人則將無所言，必招嫉怨，且無得，所謂無得又招

杯中茶且留三分，茶則能傾而不溢。

損，得不償失，故習茶者為人切忌「滿杯之心」。「手把青秧插滿田，低頭便見水中天，六根清淨方為道，原來退步是向前」，空杯、滿杯之靜心本來即是一體，一樣心二樣情，或許這是前人要我們「圓融太極生大和」的處世之道吧！

三、汙穢之思乃污杯之心。

常言：「錯誤的政策是最無可彌補的失敗」，當大宏觀的概念方針是如此，個人言行品德更亦復如是。所謂「茶德不言，飲人以和」。品茶如品人，《茶經》曾言：「茶之為用，味至寒，為飲，最宜精行儉德之人」。天地之物皆以為用，大地之法皆以為師，正心、正念、正德的習茶之心，不流於偏執，以茶為師點滴在心頭，除去心頭嗔念火，莫忘初心一畝田。要清除污了的念頭，就要先把污杯的心態除去，方可再裝下清涼美味的好茶、好心態。曾經錯誤的路不代表往後的路也是如此，要學習茶心，永遠為自己保留一片清涼地，拋棄污穢的行為重新出發，此為洗淨垢杯再注入佳茗，是為初心。所謂「菩提本無樹，明鏡亦非臺，本來無一物，何處惹塵埃」，故茶時時刻刻提醒我們不留污穢心，直取清涼地。只有不斷清除污穢之心，保留清靜地，不斷自我反省檢討，方能走上成長修德之正道。拈花一笑除卻心頭火，常留六根清淨心，退步原來是向前。

四、封閉鎖世之念乃覆杯之心

此為隔世之心態，永遠接受不了別人的好處、優點、建議，是我執的無知，錯誤的自閉。所謂學海無涯，學習永無止境。鴕鳥心態的逃避，自傲不尊的自我，永遠無法學習到真正的功夫與成長。把這種寧願受騙不喜受勸的心態放在「茶」中自然無法得到真功夫，而人生旅途更是會一敗塗地，自絕生路。六度般若於茶

心告訴我們要心持布施、持戒、忍辱、精進、禪定、智慧等六個堅持。布施是廣納善緣；持戒是要人有所進退；忍辱是要人有所包容；精進是安置人心有所為、有所學習；禪定是要人於動靜之間以靜思的反省求其根本，自然其智慧水到渠成豁然大開而凝聚大能量創造大未來，即前言所謂之悟求斷捨離，法妙無盡藏的境界。習茶一路走來，四十多年已過去，愈學愈覺一切尚待再精進努力，在無盡藏的未知世界永遠有取之不盡的資源能量，切勿自封自閉，以此共勉！

五、遺漏的待學心態是漏杯之心

這是缺陷的美，因不足而虛懷若谷，在錯誤而疏忽的學習過程，爭取再次成功的機會，而非意氣消沉，忽略了再次學習衝刺的動力與心態，這幾乎是絕大多數人的人生經驗。人生不如意十之八九，在失敗中求取教訓方為道，把疏漏的破處補起來，把失敗的教訓化為下一次成功的良師。記得民國96年起我進入臺灣原生山茶的領域時的動力，回顧一望，如不是有三十年的茶途經驗，就不會一頭栽入這麼美妙的原生山茶王國。心中總覺得在臺灣茶的區塊似乎少了什麼根本，要彌補什麼東西。原來是溯本根源臺灣茶深藏祖先的茶靈，不想爭任何的功名，只是要讓這塊土地上的人們不要忘了，曾經在臺灣千年歲月無私奉獻默默守護的茶祖先，一直存在著，凝視著臺灣這片土地。漏杯之心是成長的原始力量，由空杯、滿杯、污杯、覆杯至漏杯是習茶的過程，到知茶的層層疊進，這茶之五心與茶行八道之行，由種茶、摘茶、製茶、品茶、藏茶、傳茶、成茶、忘茶是內涵與實作的相輔，動靜之和與禪心之悟。

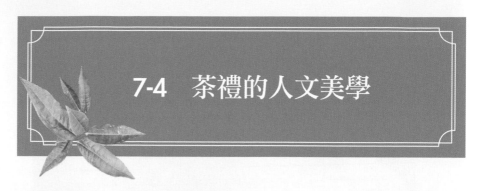

7-4　茶禮的人文美學

自古中國傳統文化皆以儒道釋三教為主流，儒家以六藝作為育才養士的內涵。六藝都是實際應用在生活中的活動，可見儒家的教育理想是落實在生活上，與生活融合為一的。本講座期以儒家的教育精神，詮釋古代的六藝之美，並將之融合於茶道之中，把教學呈現於以古復今的茶道之美中。

古代的六藝包括了禮、樂、射、御、書、數六種，教人如何合之於禮、行之於人、運之於社會，而達成人、事、物和諧的茶道文化思想。現今社會有新茶道六藝思想的架構結合，以茶道為中心，結合書法、繪畫、花道、香道及音樂等時間、空間美學。但在這學習中間可能會忘了茶本身的價值感及實用性，因此茶禮之德就顯得更為重要。如：茶席的擺置要合乎美學；器具的選用，顏色形狀需搭配和諧；行茶的動態過程務求順暢自然，更要顧及茶人與賓客的互動，須合乎禮而有節度配合。此整體茶道展現的中心在人、茶的身、心、靈感知中互融學習成長。

中國哲學家馮友蘭與金岳霖在1938年共度88歲生日，馮友蘭寫下「何止於米，相期以茶」的名言。自古聖賢皆寂寞，何能留其名？「米」字可解析為「88」之數，人活世上，柴米油鹽醬醋茶，米為首，是人生必需品。庸庸碌碌活一生，求的是溫飽，然

如何截長補短，使茶禮符合現代文化，是當務之需。

則，精神的舒適安在？悠游自得，粗茶淡飯中的享受是生存，而「茶」字則把人的生活提升至更高境界。茶字解析為108之數，可謂人之極壽，以入世之米糧，接逢出世之茶，可謂「世俗雅人的神交」。茶為「和」，和為圓融太極之成，陰陽相生，無限宇宙綿延，濤風明月在，人事已非了，淡泊無夏中，但且喫茶去。無命無壽無所求，人言不在心長存！

現今茶學各派爭起，各有其行茶的禮節，想法作法對錯之間各執己說。事實上古往今來各學派之間的表述，本來就眾說紛紜互抨

臺灣原生山茶之美

不止，無論述說展演如何，須知古禮在行茶進化中，本就會和現代禮儀有所抵觸。如何截長補短、隱惡揚善，使之更能符合現代文化的茶禮，體現生活茶文化，才是當務之需。比如，學習在不同的空間環境及人數多寡不一的群體氛圍中，茶人如何穿著合宜，言行舉止符合禮儀節度，熟稔器具選用，行茶動作熟練，把人、茶、器具及環境的認知完整表現，詮釋出最佳的美學儀範，佛教要我們在六度波羅蜜中布施、持戒、忍辱、精進、禪定、智慧的漸進功夫，而在品茗的六進之人境、茶意、器承、席現、喜樂、圓融，此六項精進不只是人文美學的底蘊，更重要的是身心靈的提升與時俱進的成長。

在此提出幾點行茶的動作和茶人與賓客互動需要注意之處，供作參考：

一、 器具選用須符合專業認知並具備美學品味。
二、 茶席在行茶前須擺放合宜，佈置妥當。
三、 行茶中動作必須嫻熟，動態器皿如水壺、茶壺、茶海、茶杯（飲杯、聞香杯）移動必須流暢從容，與靜態器皿間擺放協調，如：不跨越器皿、不擊叩出聲響等。
四、 賓客在拿杯、移杯、續杯、停杯時須注重禮節修養。
五、 維持行茶環境的純和寧靜，避免雜物雜音干擾，如手機或雜音的出現等。
六、 茶人與賓客間應對有禮，流程、態度順乎起承轉合。

茶席禮儀在過去與現在，因文化變遷而有所不同，也因學派區分在中外亦有所不同。以茶為師，不要因時空及人物的改變而忘了學習茶道文化應有的禮節初衷及態度，以此共勉！

7-5 茶道六藝文化之展望

中國幾千年來傳承了無數的文化，累積至神農嘗百草的記載，至今已數千年，時至今日，茶道文化的傳承卻是日漸沒落。近年來，大家對茶文化的推展漸有共識，努力想在茶學上有所提升，但於理想與現實間又有多少落差呢？我們又能為這理想做些什麼？這是值得我們共同深思的議題。

臺灣茶本源自大陸，百年來已進展出臺灣茶文化嶄新的面容。尤其在文革後，兩地茶文化傳承更有明顯的差異性。茶學的總體是一切茶文化的精髓，茶學包括了茶藝、茶道和茶科學三個面向，茶藝是茶的外表展演表現；茶道則涵括了認知和體驗，二者是實體的生活茶；加之現今茶科學以實驗室的科學數據為輔證，三者完整呈現茶學的實用性和科學性。

而茶文化則統合這三者，冠其文化內涵使之綿綿不絕，因為文化是無數歲月的生活習慣累積而成，沒有文化，如同缺乏靈魂的軀體而無生命！品茶是一種品味、享受，喝的是它的意境、心靈感受，不只是表面的浮華觀，更重要的是背後靜中的修行，所謂：萬丈紅塵三杯酒，千秋大業一壺茶。

杭州茶學分享會 (108.09.12)。

儒家茶中求的是中庸之道的仁禮思想；道家茶中求的是陰陽相生的天人合一；而佛家茶中求的是茶禪一味的直心道場。儒道釋三教對茶的說法雖各有不同，但其意皆在陳述人對茶所悟的本性，茶如人生，人生如茶。人法地，地法天，天法道，道法自然。學習敬茶的心，謙虛的包容，對大地的尊敬，這才是長長久久的茶道精神。

所謂好水配好茶，地母之乳，名山之泉，地湧龍水，以入佳茗，是天地造化賜與人的最佳禮物。人從天地學習而來的大智慧可在

不同角度茶文化的陳述

習茶過程中求得本然之法，尋一法門，存「和、靜、怡、真」之心，即可在人與茶的對話中找到自我肯定與目標。道者陰陽，陽要陰生，陰要陽長，孤陰不生，孤陽不長，陰陽相見，福祿永貞，陰陽相乘，禍咎踵門。故陰陽相見，如山為陰、水為陽，茶涵天、地、人之表，為山水之精華。

數十年來在茶藝的昇華中，不只是泡一泡茶或品一品茶款，其茶內涵的修養及茶知識的認知不容忽視。人與人、人與茶，乃至對茶環境、茶器具、水的了解、火的認知及茶沖泡方式，直接影響一款茶的意境。所謂茶人論茶，人茶合一；禪師論茶，句句禪機；雅士論茶，風花雪月；販夫走卒論茶，不拘小節有味即可，

杭州西湖名泉虎跑泉(107.09.20)。

飲茶之人各取所需。儒家談的是禮仁之美，道家說的是天人合一的氣，佛家論的是茶禪一味的境，無論哪種詮釋，皆是在對茶的相知及學習。

古時有六藝曰禮、樂、射、御、書、數，講的是禮節之制、音樂之合、社交之宜、體魄之健，書法之美、數理之悟。而現今我們另有新的思維架構，則是把書法、繪畫、花道、香道及音樂融入茶道中，而形成一跳躍式的完整美學。在茶席的分享上，茶文化的內容包羅萬象，也因如此所涉及層面也更深遠而廣大，也只有把茶學內含的茶道、茶藝賦予文化的延伸，方有完整的靈性及傳承。故如何在茶的認知基礎上予以教育推廣，這才是目前當務之急，把學術、製作、品茗三者融合，奠立完整的教育基礎，方能有全方位的茶人傳承及茶道文化知識的結晶。

西安是十三朝古都，其文化底蘊十足，絕對是最佳傳承之地。加強六大茶類的學術基礎及製作工法，使其更加完善成熟，更在品茗感官判別上予以更多學習體會，自然會有一番新氣象。所謂心中有悟，數自成理，行於自然，當然蘊成！把臺灣的茶道美學建立在傳統的文化基礎上，發展出符合現代新的茶文化，為茶領域的未來創造光明願景，任重道遠，但也因如此艱難，就更須大家共同去努力學習、創新茶道文化之旅！

PART·8

茶學太極之
精闢說

茶學太極之精闢說

在老子《道德經》言：「一生二、二生三、三生萬物，萬物負陰而抱陽，沖炁以為和」。天地渾沌之初，萬物皆為能量之延伸，太極生二儀、三生之物為五行金、木、水、火、土，皆為陰陽二極而生之。所謂：孤陰不生、孤陽不長，陰陽相和，福祿永貞；陰陽相乘、禍咎踵門。天下之物皆須取其中庸之道，即「炁」字所言「無火」之義。自古經典之無數真理均在告誡世人要「放下」。佛祖要我們四大皆空，六祖慧能要我們「本來無一物，何處惹塵埃」。《心經》言：「色即是空，空即是色，受想行識亦復如是」。無數的經典告誡了我們一切有為法如夢幻泡影，如露亦如電，應作如是觀。

幾千年來歷史傳承明白告知我們，現今的科學量子論則提出了一重大理論：物質是由分子→原子→原子核→質子、中子、電子→納米→夸克，由大而至虛無，夸克又分中微子及中子兩種一正一負的對夸克。這和吾人所謂之陰陽之說或「0」及「1」與初生萬物不謀而合。無論古經典之傳或是現今量子論之說，宇宙渾沌的空間由「0」而至無限的空間，再生萬物，壽命無窮盡的延伸至無限，這中間無數先知的告誡，乃天地不變之理數。

以上的思想理論基礎陳述，乍看之下，或許感覺是虛無縹渺，無法無章不知所云。但這卻是茶學太極圖的中心思想，由外求法或由內求法的思考途徑都是可行的。雖說茶學太極圖是以茶為中心的學術思想，但其邏輯、物質觀，亦可推演出三觀下之天地人的能量觀，在資訊的傳播下，達到吾人以心為中心思想的太極茶學之說。它是一能量體的光環，大至無限的三千大千世界，小至須彌似無的小世界。而身處其中的我們，如何具體當下，行應為之事、存適當之心態，正是吾輩所思當務之要。茶學太極所引發的茶學觀，該如何去做進一步的整體陳述？習茶之人各有所見而致眾說紛紜，但無論由任何角度出發之唯心論或唯物論，而或禪心論之綜合論點，皆有其所取。茶學之所以成為學說並非一蹴即成，歷經幾千年的歲月風華洗禮，無數朝代不斷的演述改進，及多少茶事專業者投入無限心血的研究心得，方有今日輝煌茶學之門供眾人學習。

任何一門學問之形成，皆需有學術研究基礎及實施之方法要領，加上成果審核以延續之。茶文化以物質為載體，精神內容涵養為用，故本茶學太極圖以茶學為中心，即其本體靈魂之所在，根據陰陽、動靜、內外、物質、精神、自然科學及社會科學等之調和

茶學太極圖

註釋

茶學包含茶道、茶藝、茶科學，
而茶道、茶藝屬生活茶規範；
茶科學則是實證科學規範。
茶道包含學術、製作、品茗(六備)及文化內涵(六藝)，
此為茶道四義，各有所備之層次需求。
茶藝分上四藝及下四藝此為茶藝八到。
且品飲茗茶最終需求是以養生為目標。

本圖依茶學之無限浩瀚之道而以圓融太極生大和之義，
依古納今成就此茶學太極圖。

分佈內涵，加之以現代科技化之茶科學作印證，相輔而成茶學三大分構主體。茶學之內義傳承以茶道為主軸，外意表飾則以茶藝為用，相應圓之而融合，輔以實證規範之茶科學證明而成，於現今科學時代，有內義精髓、外藝為用，更有科學實證為輔。故茶道、茶藝、茶科學圓融了茶學的整體宏觀結構。

茶科學是以實驗室儀器、化學物之驗證，求茶在數據上的統計資料及茶內部元素變化的結果，如：兒茶素、胺基酸、蛋白質、醇類、咖啡鹼、茶鹼、維生素、脂肪、香質及微量元素等等成分、含量、比例。在不同環境下，由採摘、製作、藏茶等過程而完成茶生命的延伸，以科學化客觀的數據為證，達到公平公正公信立場。雖然茶科學不是生活茶品飲用所必須了解，但沒了它整體現代茶學的公信力無法確立，可能引起大眾質疑及不安，故茶科學雖在茶學裡佔了最小部分，卻是在圓圖下方支撐整體的重要部

作者與西北大學茶葉研究所所長孫斌教授親自用臺灣原生山茶試製大唐貢茶，喜獲成功 (2021.5.16)

分，故居北方底部，以水藍色表現之，是為玄武。

茶藝分為上四藝及下四藝二層次，分居茶科學二側。茶藝本義是在茶技藝上的展現方式，故有身體與心靈、物質與精神、自然科學與社會科學，生理化與心理化的不同參悟相互融合，或許可以把它當成一種新的學科項目，如稱「茶藝」學科系，致力於技術層次的成熟化，精神層次、藝術層面的提升。此架構完成將會有充分的原動力來推動茶文化傳承的長遠任務。故在茶藝的推動層次面上，遵循漸進完整的教育訓練更顯重要。所謂萬丈高樓平地起，世上絕無一蹴即成，無根基便可一飛沖天之事，上四藝四個層次的精熟學習便是茶藝的根基，至關重要。技巧的內化融合與心俱進不可忽視，茶技巧達行雲流水的順暢自然，再加以茶科學的教育訓練，學習有了茶科學根本素養的基礎印證，自可進階至下四藝的範疇。下四藝的訓練已非物質生理體驗，而是與精神層次的互融，有形與無形的交會，是茶、道、禪、佛的心靈提升，是茶文化推動力的泉源礎石，無它不可！了解器物、茶具擺設得體無礙，行茶熟練而達整體自然之美，並得其要領而熟能生巧。

如要再求得其精髓更上一層樓，完美行茶之道，則須回歸平常心，我執的一味追求無上技藝，必將走上索然無味的八股茶藝。而這內在的茶學之道，有如皮膚肉體之表，須架以骨骼實以精魂，方可得其陰陽中庸之體，並收養生納福之氣。我把茶道分為：學術、製作、品茗、文化四部分來作闡述、解析。

何謂學術？即鑽研一專門領域，將之知識基礎、專有技術研究分析再統整而為系統化之專門知識。在茶學術上吾人以「三要五到」為基本作為解說。

何謂三要：

一、 無雜味的茶。

二、 有質涵的茶。

三、 有茶氣的茶；

五到：茶形、茶色、茶香、茶滋味、茶韻底，這五種物質形態表
現的完美感受是品茶的極致。

此學術之成熟不只要有茶科學印證之輔助，更須廣集各方資料加
以整理，意化心觀之融合，方可完成全方位的綜合理論基礎，而
非一成不變的老學究論述。有了學術作根本，那就必須實體實
踐，故須在製作方面不斷學習了解，唯有實作體會方可心領神
會，不流於紙上談兵，附庸風雅，只說不做，終究虛幻不實在。
在製作中習得六大茶類之精隨，並將之內化，不只是說得一口好
茶，而是得茶之完整內在精義之變化，以達隨心所欲而不踰矩的
境界，方能明確的、有十足底氣的品茗論茶。如此與茶的融和相
知相遇，就如教授遇老農的包容互動，各取所需且相輔相成。當
學術與實務有了一定程度的相容性，能互相學習，心境上如何品
茶當不言而喻心領神會。

品茗方面，我們把茶之六備作為輔助之必須，即人之善知，水之
善用，器之善選，環境之確定，沖泡之得當及茶之悟性。佛教之
六度般若要人布施、持戒、忍辱、精進、禪定、智慧，而品茗之
六進，修的是人境、茶意、器承、席現、喜樂、圓融。有了此認
知體會方可遊刃有餘，且心無罣礙。至此，已算是具備全方位能
力，合格的基礎茶工作者了。最後就是以茶文化的格局，來圓滿
茶學太極圖。於此格局我們把古之六藝轉演成現代之文化六藝，
即書法、繪畫、香道、花道、音樂五藝加上茶道而成六藝之古聞

臺灣原生山茶之美

新知，在此格局中和體適用再好不過了，現代文化與六藝結合而成跳躍式之完整的美學，應該會給現今之茶業人士一些啟發，有了這些完整的思想架構，在整個茶業推廣行銷，與教育訓練及未來茶文化推廣等等，方有宏觀的全面思考遠景。

以上的陳述讓我們得以了解茶道、茶藝、茶科學的整合認知，是茶學太極圖所要表達的精神所在。人之所以在學問上努力，要的不只是充實自己及文化傳承的貢獻而已，更重要的任務之一是最外環的茶養生，如果以上這種種理論無法令人更成長、健康，則這一切皆是虛妄不實，無法在有形的能量體上往正能量走，這便是負能量的茶道思想，流於空幻浮草，全盤皆錯，哪會有更精進的正知正等正覺的能量灌注呢？學問不止不休，永無絕對的開始與結束，此茶學太極圖提供大家整體性宏觀多層次思考，一起共同攜手向前努力，千萬不要沉於我執、我慢、我高，因未來的茶領域尚有無限之時間、空間、能量等待吾人去追尋！

品茗之六進，修的是人境、茶意、器承、席現、喜樂、圓融。

感 謝 言

看著這本《臺灣原生山茶之美》的定稿，心中百感交集。四十幾個年頭在習茶之道上行走，雖然歷經曲折顛簸，但沿途的風景無限，吸引我一路向前，無怨無悔。此茶書的出版原未在計畫之內，卻又似乎是水到渠成，這麼美，這麼好的寶藏，就在我們的山林裡，既然發現了，怎能不與大家分享？

出版在即，一則以喜，一則以憂，喜的是能將臺灣原生山茶的美引薦給大家；憂的是，山茶如此專業的領域，稍一不慎，恐貽笑方家。故自始至終懷著戒慎恐懼的心情，一再檢閱資料，多方請教各相關領域賢達，經多次的校閱修訂，方能完成此書。在此除了感謝家人的支持外，更要對修飾此書文字的陳淑娥老師、訂改內容的前茶業改良場場長陳國任博士、現任茶業改良場賴正南博士及胡智益博士、林試所周富山博士等人的幫助，表達由衷的感激。

近幾個月陪著我深入山林攝影的葉唐銘老師、山茶資料整理的嶺東科技大學數位媒體設計系老師吳栢融及學生闕沁竹等，有您們鼎力協助此書才能順利出版，在此致上真摯的謝意。此書在一萬多張山茶相片中挑選出四百多張具代表性的相片，雖經前後多達五十餘次對文字內容及相片校對訂正，但恐仍有不足之處尚須修改補遺，敬請各方賢士達人不吝賜教。

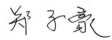

|參|考|文|獻|

＊chipperjones(無日期)／為什麼茶樹要種在山坡地／擷取自https://jones701122.
pixnet.net/blog/post/40901558 (2016年2月). THES茶葉分級。

＊三立新聞網(2019年11月)／茶界櫻花鉤吻鮭／台灣原生種山茶沉睡千年問市.
擷取自https://www.setn.com/News.aspx?NewsID=632822。

＊也樂商行(2013年4月)／台灣茶葉發展的歷史脈絡(1/8)／擷取自https://
mypaper.pchome.com.tw/ellostore/post/1324227165。

＊中國茶葉流通協會（無日期）／【獨家重磅】"一帶一路" 沿線主要產茶國發展
報告(上)。

＊(2017). 中國茶葉審評術語。

＊尹軍峰; 許勇泉; 陳根生; 汪芳; 陳建新. (2018年5月). 不同類型飲用水對西湖
龍井茶味及主要質量成分的影响。

＊王兩全(1996年8月)／台灣野生茶樹蒐集及利用／擷取自https://memory.culture.
tw/Home/Detail?Id=480926&IndexCode=Culture_Object。

＊王兩全; 何信鳳; 陳右人; 馮鑑淮; 邱再發(1990)／台灣野生茶樹種原保存及利
用Ⅰ／台灣眉原野生茶樹調查。

＊王兩全; 何信鳳; 陳右人; 馮鑑淮; 邱再發(無日期)／台灣野生茶樹種原保存及
利用(一)。

＊王兩全; 馮鑑淮; 林木連; 陳右人; 何信鳳; 邱再發. (無日期)／台灣野生茶樹種
原保存及利用(二)。

＊台灣恒緣古木蘭茶業有限公司(無日期)／普洱茶的探索。

＊行政院農委會茶業改良場. (無日期)／茶樹遺傳育種—茶苗接種囊叢枝菌根菌
對茶胺酸含量之研究／擷取自 https://www.tres.gov.tw/ws.php?id=1665。

＊行政院農委會茶業改良場. (無日期)／臺灣茶樹品種特性簡介／擷取自 https://
www.tres.gov.tw/ws.php?id=3795

＊行政院農業委員會. (無日期)／臺灣第一個本土原生山茶正式通過命名為「台
茶24號」／行政院農業委員會林業試驗所新聞稿. (2018年5月). ／原生臺
灣山茶飄香六龜 抗氧化能力更勝一般綠茶／擷取自 https://www.tfri.gov.tw/
main/news_in.aspx?mnuid=5425&modid=529&nid=15053

＊行政院農業委員會茶業改良場. (無日期)／臺灣茶界的櫻花鉤吻鮭—第一個本
土原生山茶命名「台茶24號」.

＊余錦安; 鄭混元; 羅士凱; 蕭建興; 胡智益; 楊美珠; 林金池; 吳聲舜; 邱垂豐.

(2019)．／2019年度命名茶樹新品種台茶24號試驗報告／臺灣茶業研究彙
報第38期.

＊吳聲舜.(無日期)／臺灣野生山茶的發現與調查.

＊吳聲舜；賴正南.(2016)／蜜香茶的秘密／擷取自 https://www.coa.gov.tw/
ws.php?id=2504568

＊李向波；劉順航；賈黎暉；黃景麗；胡琴芬；張琼飛.(2017年11月)／普洱茶感官
品質分析及風味輪建構.

＊李釗；夏濤；高麗萍；戴前穎；朱博；吳平；李云飛.(2010)／度對綠茶湯色變化
的影響.

＊李臺強.(無日期)／茶樹遺傳育種—品種特性簡介／擷取自 https://www.tres.
gov.tw/ws.php?id=1668

＊李慧宜；許中熹.(2018)／【我們的島】台灣山茶前傳—原生種的林下經濟／
擷取自 https://e-info.org.tw/node/211844

＊杜曉；何春雷；謝應全.(1996)／評茶用水對名茶感觀評價和成分浸出的影響.

＊沈勇強；孫銘源；周富三.(2015)／臺灣山茶研究史／擷取自 https://www.tfri.
gov.tw/main/science_in.aspx?siteid=&ver=&usid=&mnuid=5378&modid=2&mode=
&noframe=&cid=196&cid2=1114&nid=4325&noframe2=1&doprint=1

＊周富三；林文智；朱榮三.(2020)／六龜山茶文化.

＊周富三；林文智；朱榮三.(無日期)／臺灣山茶種子的發育與充實.

＊周富三；林文智；朱榮三；涂翔議.(2021)／南投縣眉原山臺灣山茶植物社會樹
木的組成與結構.

＊林振榮；鍾智昕；邱明賜.(2014)／應用X-ray樹輪密度圖譜技術解析茶樹的樹
輪特徵值及樹齡／臺灣茶業研究彙報第33期.

＊林書研；陳國任.(2013)／茶香秘韻—茶葉香氣大揭密. 擷取自 https://www.
tres.gov.tw/upload/tres/files/web_structure/1579/0213-32.pdf

＊邱垂豐；林金池；黃正宗；林儒宏；蕭建興.(2009)／紅茶新品種-臺茶21號／臺
灣茶業研究彙報第28期.

＊雨林農場.(2013)／鳳凰山茶—油茶／擷取自 https://blog.xuite.net/lkl5488/
twblog12/93842659

＊哈娜谷原生野生茶工坊.(無日期)／關於台灣野生茶的史記.

＊(2019年8月)／挑戰一斤四千元?「茶界櫻花鉤吻鮭」台茶24號復育成
功／擷取自 https://www.businesstoday.com.tw/article/category/80393/
post/201908280006

＊流水潺潺沁人心脾.(2020年9月)／茶葉中的芳香物質，一萬字詳細解
答，帶您走進茶香世界／擷取自 https://read01.com/zh-tw/az37PAe.html#.
YgIA2t9Byew

＊胡智益.(無日期)／茶樹遺傳育種—DNA分子標誌應用於茶樹品種之分子鑑定

／擷取自 https://www.tres.gov.tw/ws.php?id=1666

＊胡智益. (2019)／茶樹品系「2028」身世大解謎／茶業專訊 108期.

＊胡智益; 林盈甄; 謝汶宗; 曾一航; 林順福; 蔡右任. (2011)／應用EST-SSR分子
標誌於台灣茶樹栽培品種鑑定／臺灣茶業研究彙報第30期.

＊徐德嘉; 余棟棟. (無日期)／泡茶水質研究.

＊翁世豪. (2016年9月)／臺灣原生山茶屬植物分類介紹／茶業專訊 96期.

＊翁世豪; 林儒宏; 張慧玲. (2017)／臺灣山茶的故事／第四屆茶業科技研討會.

＊翁世豪; 林儒宏; 羅士凱; 梁煌義. (2014年6月)／臺灣原生山茶屬植物資源調
查.

＊茗隱町整理.(2018年10月)／台灣山茶 Camellia formosensis 樹種／擷取自 http://
www.mininting.com/tea-and-coffee-blogs-tw/tea-formosensis.html

＊茶僧. (2016年6月).淺談小型茶廠設計與建造.擷取自 https://www.tres.gov.tw/
ws.php?id=1664

＊馬靜鈺; 劉強; 孫云; 郭雅玲; 吳亮宇. (2019).不同沖泡條件對茶葉內含物浸出
率影響的研究進展.中國茶葉 第5期.

＊張穎彬; 劉栩; 魯成銀. (2019).中國茶葉感官審評術語基元語素研究與風味輪
構建.茶葉科學 39（4）：474-483.

＊曹璐; 劉佳; 白德崇; 郭桂義. (2012年9月).不同硬度和pH的水對綠茶沖泡品質
的影響研究.信陽農業高等專科學校學報（3）：81-84.

＊淳韻品茶. (2020年8月)／中國茶葉法規標準研究報告.

＊茶公子—Han-Yi 韓奕. (無日期)／台灣特殊品種的茶樹哪裡來？／擷取自
https://www.hanyitea.tw/single-post/tea-trees/

＊許勇泉; 陳根生; 劉平; 鐘小玉; 袁海波; 尹軍峰. (2012)／浸提溫度對綠茶茶湯
沉澱形成的影響／茶葉科學32（1）：17-21.

＊郭桂義; 羅娜; 袁丁; 孫慕芳. (2004)／泡茶用水質對信陽毛茶感官品質的影響
／中國茶葉加工 2: 37-39.

＊陳永修; 周富三; 蔡政學; 林文智. (2019)／臺灣山茶扦插試驗之初探／森林資
源保存與利用研討會.

＊陳永修; 林文智; 周富三. (2018年5月)／六龜試驗林臺灣山茶永續經營管理策
略／擷取自 https://www.tfri.gov.tw/main/science_in.aspx?siteid=&ver=&usid=&m
nuid=5294&modid=2&mode=&noframe=&cid=1225&cid2=2263&nid=5971

＊陳永修; 林文智; 周富三. (2019)／台灣山茶種子發芽試驗之研究／森林資源
保存與利用研討會.

＊陳永修; 林文智; 周富三. (無日期)／臺灣山茶植物社會樹木的組成與結構.

＊陳永修; 龔冠寧; 周富三. (2018)／臺灣山茶不同品系枝葉形態是否有差異？
／林業研究專訊 25(3): 84-85.

＊陳志雄. (無日期)／道「山茶」／擷取自 http://web2.nmns.edu.tw/PubLib/

NewsLetter/102/303/a-4.pdf

＊茶業改良場. （無日期）／覆蓋與敷蓋／擷取自 https://www.tres.gov.tw/ws.php?id=3611

＊陳柏儒; 邱垂豐; 林金池; 葉茂生. (2007)／台灣山茶收集系花性狀與花粉形態變異之研究／臺灣茶業研究彙報 26: 73-87.

＊陳柏儒; 邱垂豐; 林金池; 葉茂生. (2008)／臺灣山茶收集系葉片、葉柄及莖組織學變異的研究／臺灣茶業研究彙報27: 15-40.

＊陳盈如; 顏佩翎; 周富三; 陳永修; 葉辰影; 陳育涵; 張上鎮. (2019)／高雄六龜山區臺灣山茶鮮葉之化學成分與抗氧化活性／中華林學季刊 52(3): 135-145.

＊馮鑑淮; 王兩全; 林木連; 陳右人; 張清寬; 邱再發. （無日期）／台灣野生茶樹種原保存及利用(三).

＊黃椿鑒; 傅虬聲; 李志達; 練怡; 林莉莉. (1995)／烏龍茶在浸提中溫度和時間的最佳決策研究／農業工程學報 11(4): 180-184.

＊楊祖福; 黃藝輝. (2006)／淺談茶葉品評中用水的問題／茶葉科學技術 1: 35.

＊劉秋芳、邱垂豐. （無日期）／茶樹遺傳育種-茶樹繁殖／擷取自 https://www.tres.gov.tw/ws.php?id=1663

＊（無日期）. 鳳凰山茶／擷取自 https://www.spnp.gov.tw/News_Content_table.aspx?n=14551&s=240084

＊劉豔豔; 許勇泉; 陳建新; 汪芳; 陳根生; 引軍峰; 劉政權. (2019)／沖泡用水中Mg2+對紅茶茶湯滋味品質的影響及機制／食品科學 DOI：10.7506/spkx1002-6630-20190723-294.

＊鄭混元. （無日期）／臺灣山茶種原特性調查與評估.

＊鄭混元; 范宏杰. (2005)／遮蔭對野生茶樹生育及製茶品質之影響／臺灣茶業研究彙報 24: 45-64.

＊鄭混元; 范宏杰. (2012)／不同品種、花期與製程對茶樹花化學成分及礦物元素含量之影響／臺灣茶業研究彙報 31: 1-20.

＊鄭混元; 范宏杰. (2013)／台灣野生茶樹資源及其利用／臺灣茶業研究彙報 32: 21-44.

＊鄭混元; 范宏杰. (2013)／稀有地方茶樹品種芽葉特性及製茶品質比較研究／臺灣茶業研究彙報 32: 1-20.

＊鄭混元; 范宏杰. (2014)／臺茶八號茶菁原料對製成綠茶兒茶素含量及品質之影響／臺灣茶業研究彙報 33: 1-14.

＊鄭混元; 范宏杰. (2014)／臺茶八號萎凋時間與殺菁條件對製成綠茶兒茶素含量及品質之影響／臺灣茶業研究彙報 33: 15-28.

＊鄭混元; 范宏杰; 余錦安. (2016)／不同葉形永康山茶芽葉性狀、化學成分及製茶品質之研究／臺灣茶業研究彙報 33: 49-64.

＊鄭混元; 范宏杰; 余錦安. (2016)／永康山茶品質特徵、化學成分及礦物元素含量之研究／臺灣茶業研究彙報 35: 21-48.

＊鄭混元; 范宏杰; 余錦安. (2016)／野生栽培種與栽培茶樹化學成分及礦物元素含量差異比較／臺灣茶業研究彙報 35: 65-94.

＊鄭混元; 范宏杰; 陳信言; 陳惠藏. (2003)／台東永康山野生茶樹調查及復育與製茶品質之研究／臺灣茶業研究彙報 22: 1-16.

＊盧曉旭; 張靈雲. (2015)／論泡茶用水／福建茶葉 1: 4-7.

＊蕭富元. (無日期)／讓高山茶與樹共生／擷取自 https://www.cw.com.tw/article/5000190

＊賴正南. (2015)／茶化學 vs. 泡茶／演講資料.

＊賴正南. (2017)／認識茶樹／演講資料.

＊賴正南. (2016)／感官品評基本原理&操作／演講資料.

＊賴正南. (2021)／談普洱茶後發酵／演講資料.

＊錢婉婷; 蘇云嬌; 張豪杰; 陳玉琼. (2018年1月)／不同水質特性及對茶類感官品質和L*a*b*色澤的影響／食品安全品質檢測學報 2: 324-330.

＊羅士凱; 邱垂豐; 劉天麟. (無日期)／茶園水土保持工法介紹／擷取自 https://www.tres.gov.tw/ws.php?id=1675

＊蘇夢淮. (2007). 台灣山茶之分類研究／台灣大學生態學與演化生物學研究所博士論文.

＊蘇夢淮. (2008年9月)／大家來找茶／擷取自 http://www.tsps.org.tw/tsps_activities/tsps_activities_speech_97_13.htm

＊蘇夢淮. (2010)／台灣原生山茶屬植物資源調查與種原保存計畫／擷取自 https://www.forest.gov.tw/report/0003308

＊蘇夢淮. (2015)／臺灣原生山茶種子油脂成分／林業研究專訊 22(4): 17-20.

＊蘇夢淮. (2015)／臺灣原生山茶屬分類概述／林業研究專訊 22(4): 11-16.

＊蘇夢淮; 謝長富. (2018年11月)／台灣有沒有屬於自己的原生茶樹？／擷取自 https://www.thenewslens.com/article/106168

＊龔永新; 蔡烈偉; 黃啟亮. (2002年4月)／三峽區不同水質泡茶效果的研究／湖北農學院學報 22(2):131-134.

＊龔冠寧; 孫銘源; 陳永修. (2019)／六龜試驗林臺灣山茶經營現況／擷取自 https://www.tfri.gov.tw/main/science_in.aspx?siteid=&ver=&usid=&mnuid=5378&modid=2&mode=&noframe=&cid=1231&cid2=2301&nid=6134&noframe2=1&doprint=1

＊威廉沃克斯(William H. Ukers)原著.1935.茶業全書：臺灣茶葉之栽培與製造.pp.167-174.(中國茶葉研究社譯.1992.茶學文學出版社.臺灣桃園)。

國家圖書館出版品預行編目（CIP）資料

臺灣原生山茶之美 ＝ Taiwan Native Tea Trees
Camellia formosensis│　　鄭子豪著. ── 初版. ──
臺北市：華品文創出版股份有限公司，　2022.05
296 面；23x17公分

ISBN 978-986-5571-59-7(平裝)
1.CST: 茶葉 2.CST: 製茶 3.CST: 臺灣

434.181　　　　　　　　　　　　　　111006868

臺 灣 原 生 山 茶 之 美

作者　　　　鄭子豪
總經理　　　王承惠
財務長　　　江美慧
業務統籌　　龍佩旻
美術排版　　不倒翁視覺創意工作室
印務統籌　　張傳財

出版者　　　華品文創出版股份有限公司
　　　　　　公司地址：100台北市中正區重慶南路一段57號13樓之1
　　　　　　倉儲地址：221新北市汐止區大同路一段263號9樓
　　　　　　讀者服務專線：(02) 2331-7103
　　　　　　倉儲服務專線：(02) 2690-2366
　　　　　　E-mail：service.ccpc@msa.hinet.net
總經銷　　　大和書報圖書股份有限公司
　　　　　　地址：242新北市新莊區五工五路2號
　　　　　　電話：(02) 8990-2588
　　　　　　傳真：(02) 2299-7900

印刷　　　　卡樂彩色製版印刷有限公司
初版一刷　　2022年5月
定價　　　　平裝新台幣650元
ISBN　　　　978-986-5571-59-7

Taiwan Native Tea Trees *Camellia formosensis*